Stefanie Brockmeyer

Identifizierung und Charakterisierung neuer AKAPs in C.elegans

Stefanie Brockmeyer

Identifizierung und Charakterisierung neuer AKAPs in C.elegans

Südwestdeutscher Verlag für Hochschulschriften

Impressum/Imprint (nur für Deutschland/only for Germany)
Bibliografische Information der Deutschen Nationalbibliothek: Die Deutsche Nationalbibliothek verzeichnet diese Publikation in der Deutschen Nationalbibliografie; detaillierte bibliografische Daten sind im Internet über http://dnb.d-nb.de abrufbar.

Alle in diesem Buch genannten Marken und Produktnamen unterliegen warenzeichen-, marken- oder patentrechtlichem Schutz bzw. sind Warenzeichen oder eingetragene Warenzeichen der jeweiligen Inhaber. Die Wiedergabe von Marken, Produktnamen, Gebrauchsnamen, Handelsnamen, Warenbezeichnungen u.s.w. in diesem Werk berechtigt auch ohne besondere Kennzeichnung nicht zu der Annahme, dass solche Namen im Sinne der Warenzeichen- und Markenschutzgesetzgebung als frei zu betrachten wären und daher von jedermann benutzt werden dürften.

Coverbild: www.ingimage.com

Verlag: Südwestdeutscher Verlag für Hochschulschriften GmbH & Co. KG
Heinrich-Böcking-Str. 6-8, 66121 Saarbrücken, Deutschland
Telefon +49 681 37 20 271-1, Telefax +49 681 37 20 271-0
Email: info@svh-verlag.de

Zugl.: Kassel, Universität Kassel, Fachbereich 10, Mathematik und Naturwissenschaften, Diss., 2012

Herstellung in Deutschland (siehe letzte Seite)
ISBN: 978-3-8381-3387-4

Imprint (only for USA, GB)
Bibliographic information published by the Deutsche Nationalbibliothek: The Deutsche Nationalbibliothek lists this publication in the Deutsche Nationalbibliografie; detailed bibliographic data are available in the Internet at http://dnb.d-nb.de.

Any brand names and product names mentioned in this book are subject to trademark, brand or patent protection and are trademarks or registered trademarks of their respective holders. The use of brand names, product names, common names, trade names, product descriptions etc. even without a particular marking in this works is in no way to be construed to mean that such names may be regarded as unrestricted in respect of trademark and brand protection legislation and could thus be used by anyone.

Cover image: www.ingimage.com

Publisher: Südwestdeutscher Verlag für Hochschulschriften GmbH & Co. KG
Heinrich-Böcking-Str. 6-8, 66121 Saarbrücken, Germany
Phone +49 681 37 20 271-1, Fax +49 681 37 20 271-0
Email: info@svh-verlag.de

Printed in the U.S.A.
Printed in the U.K. by (see last page)
ISBN: 978-3-8381-3387-4

Copyright © 2012 by the author and Südwestdeutscher Verlag für Hochschulschriften GmbH & Co. KG and licensors
All rights reserved. Saarbrücken 2012

Inhaltsverzeichnis

Inhaltsverzeichnis	1
Zusammenfassung	3
Abkürzungsverzeichnis	4
1 Einleitung	**7**
1.1 Signaltransduktion	7
1.2 A Kinase Ankerproteine (AKAPs)	8
1.2.1 Neuronale AKAPs	10
1.3 AKAP10	13
1.4 RACK1	15
1.4.1 Funktionen des RACK1 Proteins in Neuronen	17
1.5 Proteinkinase A (PKA)	19
1.5.2 cAMP, PKA und Apoptose	21
1.6 Exkurs: Apoptose, Nekrose & Autophagozytose	22
1.6.1 Apoptose, Paraptose	23
1.6.2 Nekrose	24
1.6.3 Autophagozytose	25
1.7 Der Modellorganismus *C. elegans* und die PKA	25
1.8 Zielsetzung der Arbeit	27
2 Material & Methoden	**28**
2.1 Ausgangsmaterial	28
2.1.1 DNA	28
2.2 Methoden	30
2.2.1 Molekularbiologische Methoden	30
2.2.2 *C. elegans* Methoden	34
2.2.3 Zellbiologische Methoden	38
2.2.4 Proteinbiochemische Methoden	43
2.2.5 cAMP Affinitätschromatographie („*pulldown*") aus Zelllysaten	48
2.3 Biophysikalische Methoden	56
2.3.1 BRET²	56
2.3.2 Auswertung der Messdaten	58
2.3.3 Fluorimetrischer Caspase Test (Roche Applied Science)	59
2.3.4 Kopplung von RGS-His hRACK1 an CM5 Chip (Biacore)	60
3 Ergebnisse	**62**
3.1 rgs5 –ein potenzielles neues AKAP in *C. elegans*?	62
3.1.1 *in silico* Recherche	62
3.1.2 Untersuchung der Interaktion mittels *peptide spot arrays*	64
3.1.3 Untersuchung von rgs5 und AKAP10 mittels BRET²	67
3.1.4 Bindungsanalyse AKAP10/rgs5: PKA Holoenzym	71
3.1.5 Immunfluoreszenzfärbung der AKAPs in Cos7 Zellen	74
3.2 cAMP Affinitätschromatographische Experimente zur Identifizierung neuer Interaktionspartner der PKA-RIβ	81

Inhaltsverzeichnis

    3.2.1 Reinigung rekombinanter Proteine hRIβ, kin2, RACK1 85
    3.2.2 Vergleichende Interaktionsanalysen *in cell* und *in vitro* 86
    3.2.3 Zugabe von Ht31 kann die Interaktion von RACK1 und RIβ nicht unterbinden...........95
    3.2.4 Lokalisationsstudien mittels Immunfluoreszenz 97
    3.2.5 Fluoreszenzfärbung der Einzeltransfektionen mit Propidiumiodid............................. 100

3.3 Test auf Apoptoseinduktion in Cos7 Zellen 108
    3.3.1 Kotransfektion der Rluc-BH3 + RACK1-GFP^2 + PI 109
    3.3.2 DNA Leiter 110
    3.3.3 Caspase-Assay 111

4 Diskussion   **114**
    4.1.1 *in silico* vs. affinitätschromatographische Identifizierung potenzieller PKA-Interaktionspartner.114

4.2 rgs5 und AKAP10, identifiziert aus *in silico* Recherchen 115
    4.2.1 Ht31: inhibiert ausschließlich die AKAP10:RIIα Interaktion 116
    4.2.2 Ist eine zweite Interaktionsfläche in RIβ zur Bindung an AKAP10 vorhanden?...........117
    4.2.3 Besitzt rgs5 eine RISR Sequenz?.. 118

4.3 RACK1, ein Interaktionspartner der RIβ identifiziert aus „*pulldown*" Versuchsansätzen 118
    4.3.1 Ist RACK1 ein RIβ spezifisches AKAP?... 120
    4.3.2 Die Vernetzung von PKA- und RACK1-Signalwegen in neuronalem Gewebe gibt Hinweise zur Funktion der Interaktion *in vivo*... 120

5 Ausblick   **127**

5.1 Vorarbeiten zur Etablierung von eBRET^2 in *C. elegans* 127

6 Literatur   **131**

7 Anhang   **140**

7.1 Ergebnis-Tabellen einiger potenzieller R-bindenden Proteine aus   *in silico* und affinitätschromatographischen Analysen 140

7.2 DNA-Klonliste 141
    7.2.1 SPR Studien 143

7.3 Aktivierung des RIβ-Holoenzyms im BRET^2 System ist reversibel 147

7.4 DNA-Leiter Test 148

7.5 Test stabiler Derivate des Coelenterazin 400a in der Zellkultur................................. 148

7.6 Primerliste 151

Danksagung   **154**

Zusammenfassung

In dieser Arbeit sollten neue Interaktionspartner der regulatorischen Untereinheit (R-UE) der Proteinkinase A (PKA) und des Modellorganismus *C. elegans* identifiziert und funktionell charakterisiert werden. Im Gegensatz zu Säugern (vier Isoformen), exprimiert der Nematode nur eine PKA-R-Isoform. Mittels in silico Analysen und so genannten „Pulldown" Experimenten, wurde insbesondere nach A Kinase Ankerproteinen (AKAP) in *C. elegans* gesucht. Aus *in silico* Recherchen resultiert das rgs5 Protein als mögliches Funktionshomolog des humanen AKAP10. Rgs5 enthält eine potenzielle, amphipathische Helix (AS 421-446, SwissProt ID A9Z1K0), die in *Peptide-SPOT-Arrays* (durchgeführt im Biotechnologie Zentrum in Oslo, AG Prof. K. Taskén) eine Bindung an RI und RIIα-UE zeigt. Eine ähnliche Lokalisation von rgs5 und hAKAP10 in der Zelle, sowie vergleichende BRET^2 Studien, weisen auf eine mögliche Funktionshomologie zwischen AKAP10 und rgs5 hin. Die hier durchgeführten Analysen deuten darauf hin, dass es sich bei rgs5 um ein neues, klassisches AKAP mit „*RII bindender Domäne*"-Motiv im Modellorganismus *C. elegans* handelt.

Basierend auf so genannten „*pulldown*" Versuchen können, neben „klassischen" AKAPs (Interaktion über amphipathische Helices), auch Interaktionspartner ohne typische Helixmotive gefunden werden. Dazu gehört auch RACK1, ein multifunktionales Protein mit 7 WD40 Domänen, das ubiquitär exprimiert wird und bereits mehr als 70 Interaktionspartner in unterschiedlichsten Signalwegen komplexiert (Adams et al., 2011). Durch BRET^2 Interaktionsstudien und Oberflächenplasmonresonanz (SPR) Analysen konnten hRIβ und kin2 als spezifische Interaktionspartner von RACK1 verifiziert werden. Untersuchungen zur Identifikation der Interaktionsflächen der beiden Proteine RACK1 und hRIβ zeigten im BRET^2 System, dass RACK1 über die WD40 Domänen 1-2 und 6-7 interagiert. Die Analyse unterschiedlicher hRIβ-Deletionsmutanten deutet auf die DD-Domäne im N-Terminus und zusätzlich auf eine potenzielle BH3 Domäne im C-Terminus des Proteins als Interaktionsfläche mit RACK1 hin. Die Koexpression von hRIβ BH3 und RACK1 zeigt einen auffälligen ein Phänotyp in Cos7 Zellen. Dieser zeichnet sich unter anderem durch eine Degradation des Zellkerns, DNA Kondensation und eine starke Vakuolisierung aus, was beides als Anzeichen für einen programmierten Zelltod interpretiert werden könnte. Erste Untersuchungen zum Mechanismus des ausgelösten Zelltods deuten auf eine Caspase unabhängige Apoptose (Paraptose) hin und einen bislang unbekannten Funktionsmechanismus der PKA hin.

Abkürzungsverzeichnis

5′HT	Serotonin
8-Br-cAMP	Rp-8-bromo-cAMP-phosphorothioate (cAMP Antagonist)
AC	Adenylylcyclase
AK BS	rekombinanter Antikörper gg RI-UE aus Braunschweig (Kennzeichen E)
AKAP	A Kinase Ankerprotein
AKAP-IS	AKAP *in silico*
AKAP-Lbc	= AKAP13
RIIBD	A Kinase Bindungsdomäne
Akt	Serin/Threonin Kinase akt-1
ALS	*amyotrophic lateral sclerosis*
AMPAR	*4-isoxazolepropionic acid receptor*
ANOVA	Varianzanalyse (*analysis of variance*)
AS	Aminosäure
Asc1	Guanine nucleotide-binding protein subunit beta-like protein
ATP	Adenosintriphosphat
BDNF	*Brain-derived Neurotrophic factor*
BEACH	Beige and Chédiak-Higashi (Protein Domäne)
bg	Hintergrund (*background*)
BH3	BcL Homologie 3
β-ME	β-Mercaptoethanol
bp	Basenpaare
BRET^2	Biolumineszenz Resonanz Energie Transfer
BSA	*bovine serum albumin*
CA1	Neuronen des Hippocampus
cAbl	Tyronsin Kinase ABL1
CaMKII	Calcium-/Calmodulin- abhängige Kinase II
cAMP	Zyklisches Adenosinmonophosphat
Cbp/PAG	Csk binding protein/ Phosphoprotein assoziierte Glycosphingolipide
CC-II	*Coiled-Coil* Domäne
CD44	Membranrezeptor
CFTR	*cystic fibrosis transmembrane regulator*
cGMP	Zyklisches Guanosinmonophosphat
CM5	Carboxymethyl
CMV	Cytomegalovirus
CNC	Carney Komplex
CREB	*cAMP response binding element*
C-terminal	Carboxylterminus eines Proteins
DAG	Diacylglycerol
DAPI	4',6-Diamidino-2-phenylindol
DBC	*Deep Blue C* = Coelenterazin 400a
DD-Domäne	Dimerisierungs- Docking Domäne der R-UE
DMEM	Dulbecco`s Modified Eagle Medium
DMSO	Dimethylsulfoxid

Abkürzungsverzeichnis

DRG	*dorsal root ganglion*
EBP50	*ERM-binding protein 50, NHERF-1*
ECL	verstärkte Chemilumineszenz
EDC	carbodiimide
EDTA	Ethylendiamintriessigsäure
EGFP	enhanced green flourescent protein
FAK	*focal adhesion kinase*
FALS	*familiar ALS*
FCS	fötales Kälberserum fötal calf serum)
Fc-Teil	konservierte Domäne eines IgG Antikörpers
FRET	Fluoreszenz-/Förster Resonanz Energie Transfer
FSC1	=AKAP4 (p82 sperm fibrous sheath protein)
Fsk	Forskolin (Stimulator Adenylylzyklasen)
G418	Gentamycin
Gβγ	GPCR Untereinheiten beta und gamma
GDP	Guanosindiphosphat
GED	GTPase Effektor Domäne
GFP²	green floureszent protein
GPCR	G-Protein gekoppelter Rezeptor
GTP	Guanosintriphosphat
hCα	Katalytische Untereinheit der PKA alpha
HMWC	*high molecular weight complex*
hRIβ	Regulatorische Untereinheit der PKA Typ I beta
HRP	Meerrettich-Peroxidase (*horse radish peroxidase*)
Hat31	AKAP disruptor Peptid (RII spezifisch) Sequenz aus AKAP-Lbc
IBMX	3-isobutyl-1-methylxanthine (unspezifischer Inhibitor von PDEs)
IL-10	Interleukin 10
LB-Medium	Lunaria Broth Medium
LC-ESI MS	*liquid chromatography- electrospray 5ionization mass spectrometry*
LTD	*Long Term Depression*
LTP	*Long Term Potentiation* (Langzeitpotenzierung)
LYST	*lysosomal trafficking regulator*
MB	*mushroom bodies*
MG132	Proteasomeninhibitor
nF-ϰB	*nuclear factor-kappa B* (Transkriptionsfaktor)
NGM	*Nematode growth medium*
NHE3	Na+/H+ Ionen Pumpe Typ 3 (in epithelialen Zellen exprimiert)
NHERF-1	siehe EBP50
NHS	N-hydroxysuccinimide
NMDAR	*N*-methyl *D*-aspartat Rezeptor (Glutamat Rezeptor)
NTA	Nitrilotriessigsäure
N-terminal	Aminoterminus eines Proteins
OPA-1	*optic athrophy 1* (dualspezifisches AKAP mit RIIBD)
PBS-Puffer	Phosphatgepufferte Kochsalzlösung
PCR	Polymerasekettenreaktion (*polymerase chain reaction*)
PDE	Phosphodiesterase

Abkürzungsverzeichnis

PDZ	PSD-95/DlgA/ZO-1
PEI	Polyethylenimin, Transfektionsreagenz
PI	Propidiumiodid
PI(4,5)P2	Phosphatidylinositol (3,4,5)-trisphosphate (PIP3)
PIP2	Phosphatidylinositolbisphosphat
PKA	Proteinkinase A
PKC	Proteinkinase C
PP2A	Proteinphosphatase 2A
PrKX	Proteinkinase X
PSD-95	*post synaptic density 95*, Protein
PTM	Posttranslationale Modifikationen
Rab	*Ras-related in brain* (GTPase)
RACK1	*receptor for activated C-kinase*
RET	Resonanz Energie Transfer
rgs-5	*regulator of G-protein signaling 5* (Protein aus *C. elegans*)
rgs-Domänen	*regulator of G-protein signaling*
RIAD	Arg-Iso-Ala-Asp (zusätzliche Sequenz für AKAP:RI Interaktionen)
RIIBD	RII Bindungsdomäne (klassische amphipathische Helix)
RING1B	RING-finger Protein Familie (E3 ubiquitin ligase, Transkriptionsrepressor)
RISR	*RI specifier region*
Rluc	*Renilla* Luziferase
ROS	*reactive oxygen species*
SALS	*spontanous ALS*
SDS-PAGE	Sodiumdodecylsulfat-Polyacrylamidgelelektrophorese
SnAvi	Tap-Tag nach Baumeister Lab. (Schäffer et al, 2010)
SNP	*single nucleotide polymorphism*
SOC-Medium	mit Glucose versetztes SOB Medium (super optimales *Broth*)
SOD1	*copper zinc superoxide dismutase 1*
Src	*rous sarcoma tyrosin kinase*
SUMO	*small ubiquitin-like modifying protein*
TAE-Puffer	Tris-Acetat Puffer + EDTA
TBS-T	Tris buffered Saline + 0,1% Tween20
TfnR	Transferrinrezeptor
TF	Transkriptionsfaktor
Tris	Tris(hydroxymethyl)aminomethan
WD40	Trp-Asp 40
wt	Wildtyp

1 Einleitung

1.1 Signaltransduktion

Die definierte Erkennung und Weiterleitung extrazellulärer Signale in das Innere einer Zelle (Signaltransduktion) hat eine entsprechende Signalantwort zur Folge. In mehreren Ebenen sind Proteine, meist Enzyme, an den Prozessen der Signalvermittlung beteiligt. Eine Fehlfunktion oder Störung der Signalvermittlung bzw. -weiterleitung ist häufig die Ursache von Krankheiten. Um eine spezifische Signalantwort zu generieren, sind sowohl eine räumliche als auch eine zeitliche Komplexierung durch dauerhafte, aber auch reversible Verankerungen der an der Signalkette beteiligten Moleküle, an definierten Orten in einer Zelle erforderlich (siehe Abbildung 1) (Scott and Pawson, 2009). Hierbei werden durch Signalsequenzen in Proteinen posttranslationale Modifikationen (PTM) angefügt, die eine spezifische Lokalisierung an einzelnen Kompartimenten in der Zelle ermöglichen. Ein Beispiel für posttranslationale Modifikationen ist die sehr häufig auftretende Phosphorylierung (durch Kinasen an Serin-, Threonin- oder Thyrosinresten im Protein). Das Einbringen eines γ-Phosphats der energiereichen Verbindung Adenosintriphosphat (ATP) in eine vorhandene Proteinstruktur bei der Proteinphosphorylierug gilt sehr oft als „molekularer Schalter" eines Proteins, der dieses aktiviert oder inaktiv oder die Interaktion mit einem bestimmten zweiten Protein ermöglicht oder unterbindet (Hanke, 2011; Kiely et al., 2008, 2009). Ein weiteres Beispiel der posttranslationalen Modifikation stellt die Ubiquitinierung (durch Ubiquitinligasen an Lysinresten in Proteinen) dar. Es sind eine Vielzahl von Mustern zur Ubiquitinierung publiziert (Mono- und Polyubiquitinierung), wobei einige dieser Muster die Degradation der „markierten Proteine" im Proteasom zur Folge haben (Acconcia et al., 2009). Weiter hat diese posttranslationale Modifikation regulatorische Funktionen, wie beispielsweise für die Ligase RING1B, deren Aktivität durch Selbst-Ubiquitinierung gesteuert wird (Weissman et al., 2011; Acconcia et al., 2009). Ebenso können Proteine Zielsequenzen enthalten, die eine dauerhafte Lokalisation des Proteins an einem bestimmten Zellkompartiment zur Folge haben (Scott and Pawson, 2009; Taskén and Aandahl, 2004). Ein Modell für die Signaltransduktion soll hier am Beispiel der Aktivierung eines G-Protein gekoppelten Rezeptors (GPCR) dargestellt werden, der nach Bindung des Liganden (extrazelluläres Signal) eine Konformationsänderung vollzieht und durch Dissoziation seiner Untereinheiten, α, β und γ, unter anderem eine Adenylylzyklase (AC) aktiviert (Chen and Malbon, 2009). Die AC generiert einen Pool des *second messengers* cAMP, der eine Potenzierung des Signals ermöglicht. Um eine

Einleitung

direkte und zugleich hoch spezifische Antwort auf das erkannte Signal zu generieren, ist es notwendig, die an dieser Signalkaskade beteiligten Proteine in der Nähe des gebildeten cAMP Pools zu verankern. Dieses erfolgt im Falle der wichtigsten cAMP-sensitiven Kinase, der Proteinkinase A (PKA), durch deren Bindung an meist membranassoziierte Proteine, te A-Kinase-Ankerproteine (AKAPs) (Skalhegg and Tasken, 2000).

Die auftretende Menge an cAMP wird auf der einen Seite durch die AC bestimmt, die hohe cAMP Konzentrationen in Pools generieren, und auf der anderen Seite von Phosphodiesterasen (PDEs), die cAMP abbauen und so das cAMP-Basalniveau in den Mikrodomänen wieder herstellen. Die PDEs sind oft, ebenso wie die PKA, in diesen Mikrodomänen lokalisiert, wo sie ebenfalls an AKAPs gebunden vorliegen können (Skroblin et al., 2010).

Ziel des eingehenden Signals ist oft der Zellkern, insbesondere sind hier die Transkriptionsfaktoren (TF), wie der CREB Transkriptionsfaktor (CREB-TF), zu nennen, die eine spezifische Proteinexpression regulieren (Hunter, 2000; Carlucci et al., 2008). Der durch die PKA phosphorylierte CREB-TF bindet auf DNA Ebene an CREB (cAMP *response binding element*) und aktiviert die Translation cAMP gesteuerter Gene (Montminy et al., 1990).

1.2 A Kinase Ankerproteine (AKAPs)

Die bereits erwähnten Ankerproteine (AKAPs) sind in der Lage weitere, in den Signalweg involvierte Moleküle (weitere Komponenten des PKA *signalling* Komplexes = PKA Interaktom), zu rekrutieren (siehe Abbildung 1). AKAPs bilden eine Plattform für viele in Signalkaskaden integrierte Proteine (Taskén and Aandahl, 2004). Häufig sind die entstehenden AKAP Komplexe auch Ausgangspunkt für die Vernetzung (*cross talk*) unterschiedlicher Signalkaskaden (Gao and Patel, 2009; Pidoux et al., 2011; Dodge-kafka et al., 2005; Smith et al., 2011; Carlucci et al., 2008).

Es sind bereits mehr als 50 Mitglieder der AKAP Familie beschrieben, die über ihre Interaktion mit der PKA definiert werden (Skroblin et al., 2010). Zusätzlich zu der PKA bindenden Struktur besitzen alle AKAPs eine Zielsequenz, die eine Lokalisation des Proteins an Zielstrukturen (Zellorganellen, Plasmamembran) ermöglichen (siehe Abbildung 1) (Pidoux and Taskén, 2010; Scott and Pawson, 2009; Beene and Scott, 2007).

Einleitung

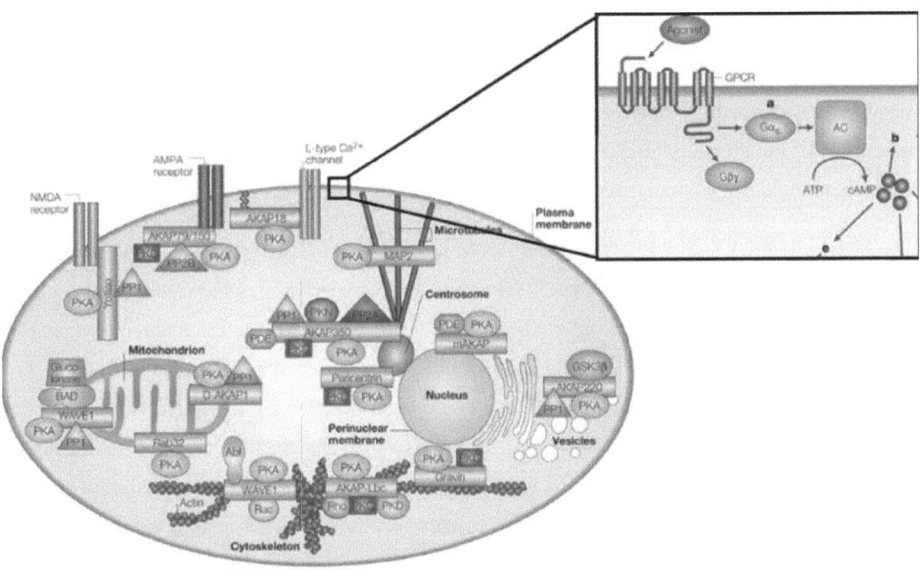

Abbildung 1 Signalweg zur Generierung eines cAMP Pools zur Aktivierung der Proteinkinase A (PKA). Eine spezifische Signalantwort wird durch die Kompartimentierung der Proteine in so genannten Mikrodomänen ermöglicht. verändert nach: Wong et. al., *Nat. Rev., Mol. Cell Biology* 5, 959-970 (December 2004)

Die meisten der bisher bekannten AKAPs binden spezifisch die PKA Typ II, wobei auch einige als dualspezifisch gelten, das heißt sie interagieren sowohl mit RI als auch RII Untereinheiten der PKA (Gold et al., 2006; Pawson and Scott, 2010). Nur wenige der bisher identifizierten AKAPs binden spezifisch die PKA Typ I. Als ein Beispiel für ein PKA Typ I spezifisches AKAP gilt zum Beispiel das aus *C. elegans* isolierte $AKAP_{CE}$ (*gene name*: kap-2) sowie das aus Säugern stammende *sperm fibrous sheath* Protein FSC1 (AKAP82 = AKAP4) (Sarma et al., 2010; Angelo and Rubin, 1998; Jarnaess et al., 2008; Taskén and Aandahl, 2004; Kovanich et al., 2010). Ebenfalls als RI spezifisch gilt α4β1-Integrin, wobei gezeigt wurde, dass die Bindung von RIα an α4β1-Integrin notwendig ist, um das Integrin zu phosphorylieren (Lim et al., 2007). Bleibt diese Aktivierung der Integrine durch die PKA durch Phosphorylierung aus, werden nicht ausreichend Tyrosinkinasen aktiviert, die die Zellproliferation regulieren (Kiely et al., 2008). Einige der publizierten AKAPs weisen eine Krankheitsrelevanz auf, die von Sterilität eines Organismus über Herzrhythmusstörungen bis hin zu Krebs reicht (Carlucci et al., 2008).

Einleitung

Die Nomenklatur der AKAP Proteine erfolgte zunächst nach deren Molekulargewicht (Bsp.: AKAP 79). Nachdem mehrere Spleißvarianten eines AKAPs unterschiedliche Namen erhalten haben, wurde eine einheitliche Nomenklatur (AKAP 1-14) verfasst. Allerdings behalten Proteine, deren AKAP Funktion erst nach Publikation einer weiteren Funktion (Bsp. Gravin) entdeckt wurde, ihren ursprünglichen Namen (Skroblin et al., 2010).

Die klassische PKA bindende Struktur der AKAPs bildet eine 14 bis 18 Aminosäuren lange amphipathische Helix (*RIIBD*), die mit den N-Termini der dimerisierten regulatorischen Untereinheiten der PKA (R-Untereinheiten) interagiert (Beene and Scott, 2007). Neuere Erkenntnisse zeigen, dass für die Interaktion von AKAPs mit regulatorischen Untereinheiten von Typ I eine zusätzliche Aminosäuresequenz (RISR, *RI specifier region*), N-terminal von der konservierten amphipathischen Helix, benötigt wird (Jarnaess et al., 2008). Beeinflusst man die Ausbildung der amphipathischen Helices (beispielsweise durch Einfügen von Prolinen in die Aminosäuresequenz), kommt die Interaktion zwischen AKAP und PKA sowohl *in vitro* als auch *in vivo* nicht mehr zustande (Torheim et al., 2009). Die Verankerung der R-Untereinheiten an AKAPs wird zum Beispiel durch die spezifische Bindung von Peptiden wie Ht31 (abgeleitet von AKAP-Lbc) an die amphipathische Helix der R-Untereinheiten (RI und RII) entkoppelt (Herberg et al., 2000). Neben Ht31 wurden bereits isoformspezifische Disruptoren für die AKAP: R-Interaktion entwickelt (Super AKAP-IS, AKAP-IS, RIAD) (Gold et al., 2006; Carlson et al., 2006; Burns-Hamuro et al., 2003; Welch et al., 2010).

1.2.1 Neuronale AKAPs

Die synaptische Plastizität, das heißt die Aktivität der synaptischen Signalübertragung, ist Bestandteil vieler neurobiologischer Studien. Hierbei konnte bereits gezeigt werden, dass die PKA, verankert an teilweise isoformspezifischen AKAPs, maßgeblich an der Beeinflussung der synaptischen Plastizität beteiligt ist (Mayford, 2007). In diesem Zusammenhang steht die Gedächtnisbildung ebenso wie der Lernprozess (Dell'Acqua et al., 2006). AKAP79 rekrutiert die PKA an den postsynaptischen Spalt und reguliert dort die Phosphorylierung des AMPA-Rezeptors, der in direktem Zusammenhang mit der Langzeitpotenzierung (LTP) gebracht wird (siehe 1.2.1.1). Das AKAP Yotiao verankert die PKA an NMDA Rezeptoren und beeinflusst durch Phosphorylierung des Rezeptors den Calciumeinstrom in die Zelle (Abel and Nguyen, 2008).

Weitere neuronale AKAPs stellen Neurobeachin (RII spezifisch ohne *RIIBD*), OPA-1 (dualspezifisch mit *RIIBD*), α/β-Tubulin und AKAP *Yu* in *D. melanogaster* (RI spezifisch ohne *RIIBD*) sowie Merlin (RI spezifisch mit *RIIBD*) dar.

Einleitung

Als ein klassisches dualspezifisches AKAP wurde das Protein *optic athrophy 1* (OPA-1, mit den Aminosäuren 940-958 im C-Terminus als *RIIBD* identifiziert (Pidoux et al., 2011)). Das Protein lokalisiert in dem Intermembranraum in Mitochondrien ebenso wie an *lipid droplets*, wo seine Funktion als A Kinase Ankerprotein nachgewiesen wurde (Pidoux et al., 2011). Neben seiner Funktion als AKAP besitzt das Protein OPA-1 noch eine GTPase Domäne. Eine vorhandene *coiled-coil* Domäne (CC-II) fungiert als GTPase Effektordomäne (GED). OPA-1 gehört zur Familie der Dynamin Proteine. Es gibt acht Isoformen des Proteins, die gewebsspezifisch exprimiert und zusätzlich in kurze (sOPA-1) und lange (lOPA-1) Proteine prozessiert werden (Landes et al., 2010; Akepati et al., 2008).

Neurobeachin ist ein Multidomänen Protein, das im Jahr 2000 als RII spezifisches AKAP in Neuronen beschrieben wurde (Wang et al., 2000) und eine so genannte BEACH Domäne enthält, was das Protein auch in die Proteinfamilie der BEACH-WD40 integriert. Neurobeachin lokalisiert in der Nähe des Trans-Golgi Systems in Synapsen einiger Neuronen und ist an der Signal-Transmission neuromuskulärer Verbindungen beteiligt. Es wird ebenso diskutiert, dass eine Fehlfunktion bzw. *knock out* des Proteins Autismus auslösen kann. Hierbei wird ein Ungleichgewicht inhibitorischer und erregender synaptischer Signalübertragung (Neurexin sowie Neuroligin) den Hypothesen zu Grunde gelegt. In *knock out* Mäusen ist die Entwicklung von synaptischen Verknüpfungen reduziert (Medrihan et al., 2009). Obwohl dieses AKAP nachweislich ausschließlich RII Untereinheiten der PKA bindet, ist kein klassisches *RIIBD* Motiv nachzuweisen (Skroblin et al., 2010).

Im Vergleich zu Neurobeachin als RII spezifisches, neuronales AKAP ohne *RIIBD* Motiv, steht α/β-Tubulin als RI spezifisches AKAP ohne *RIIBD* Motiv. Die Interaktionsfläche des α/β-Tubulin mit RI Untereinheiten konnte bisher nicht eindeutig identifiziert werden. Es wurde keine amphipathische Helix in den Tubulinen, die für die Definition als klassische AKAP notwendig ist, gefunden.

Regulatorische Untereinheiten binden an α/β-Tubulin und bilden einen SDS-stabilen Komplex (HMWC, *high molecular weight complex*) (Kurosu et al., 2009). In Schnitten aus Cerebellum ebenso wie Purkinje Zellen, konnte mittels Immunfluoreszenz eine Kolokalisation von Tubulin und RI gezeigt werden. Der Komplex aus α/β-Tubulin mit RI Untereinheiten wird vermutlich im Zytoplasma von Neuronen gebildet und nach Komplexierung in Richtung Synapse transportiert, wobei der Transport Mikrotubuli-unabhängig zu sein scheint, da die Zugabe von Nocodazol den Prozess nicht beeinflusst (Kurosu et al., 2009). Allerdings wird der Proteinkomplex durch Zugabe von Serotonin (5´HT) proteasomal abgebaut (Inhibierung durch Zugabe von MG132) (Kurosu et al., 2009).

Einleitung

Ein weiteres RI bindendes AKAP ohne klassisches *RIIBD* Motiv, ist AKAP *Yu*, dass in den so genannten „*mushroom bodies*" (MB) im Gehirn exprimiert wird und in der Langzeitpotenzierung (LTP) in *D. melanogaster* involviert ist. Die MB sind maßgeblich an der Langzeitgedächtnisbildung (*long term memory*; LTM) beteiligt. Eine Mutation des *Yu* beeinflusst den Lernprozess sowie das Kurzzeitgedächtnis in der Fliege nicht (Lu et al., 2007). Finden dagegen Mutationen in Adenylylzyklasen (*rutabaga (rut)*), Phosphodiesterasen (*dunce (dnc)*) oder der RI-UE statt, bleibt sowohl das Lernen als auch die Funktion des Kurzzeitgedächtnisses aus (Goodwin et al., 1997).

Das neuronale Protein Merlin gilt als ein RI spezifisches AKAP mit klassischem amphipathischem Bindemotiv (*RIIBD*). Merlin gehört zur Familie der ERM (Ezrin-Radixin-Moesin-) Proteine und wird auch als Neurofibromatose 2 (NF2) bezeichnet. Merlin fungiert als *linker* zwischen Plasmamembran und Zytoskelett, da es N-Terminal mit Transmembranproteinen (z.B. Rezeptor CD44) sowie C-Terminal mit Aktin interagiert. Weiterhin gilt Merlin als Tumorsuppressor und lokalisiert in Synapsen von Hippocampusneuronen (Grönholm et al., 2003, 2005; Stamenkovic and Yu, 2010). Merlin ist als ein RIβ spezifisches AKAP in primären Zellen des murinen Hippocampus beschrieben, was neben der AKAP Funktion für RIβ auch an Integrine, Tubuline oder Cadherine bindet und potenziell an der Bildung der synaptischen Plastizität (siehe Kapitel 1.2.1.1) beteiligt ist. Beim Vergleich der Bindungsmotive von Ezrin mit Merlin zeigt sich im *Peptide-SPOT-Array*, dass Ezrin in der Lage ist die hRIIα zu binden und nicht hRIβ. Im Gegensatz dazu bindet Merlin *in vitro* an die hRIβ, zeigt aber keinerlei Bindungssignale mit der hRIIα (Grönholm et al., 2003).

1.2.1.1 Bedeutung der AKAP:PKA Interaktion für die Funktion des Gehirns

Die Regulation der plastischen synaptischen Aktivität (Intensität der synaptischen Signalübertragung) findet hauptsächlich über die Glutamatrezeptoren AMPAR und NMDAR statt. Im Hippocampus konnte gezeigt werden, dass über AKAP79 verankerte PKA (Typ II) durch Phosphorylierung des Rezeptors AMPAR, dieser Rezeptor in der postsynaptischen Membran stabilisiert wird. Die hohe Rezeptordichte in der Membran ist von essenzieller Bedeutung bei der LTP (Lernprozessen und Gedächtnis) (Dell'Acqua et al., 2006). AKAP79 bindet nachweislich Aktin der Postsynapsen von Neuriten. Wird diese Interaktion (F-Aktin:AKAP79) verhindert, kann die PKA Typ II nicht korrekt in der Postsynapse lokalisieren. Die Interaktion AKAP79:RII findet nicht statt, welches eine herabgesetzte AMPA Rezeptoraktivität zur Folge hat (Gomez et al., 2002).

Initiiert wird die LTP durch den Einstrom von Calcium in die Zelle durch den NMDA-Rezeptor (Mayford, 2007), wobei die Phosphorylierung der AMPA-Rezeptoren, vermittelt von der PKA,

Einleitung

durch Calcium und Calmodulin intrazellulär reguliert wird. Das bedeutet: eine aktive PKA Typ II (durch Ca^{2+} Einstrom indirekt aktiviert) phosphoryliert AMPA Rezeptoren und stabilisiert diese in der Membran; die Langzeitpotenzierung (LTP) ist aktiv. Durch Inaktivierung der PKA erfolgt eine Dephosphorylierung des Rezeptors, dieser wird endozytiert und die Langzeitdepression (LTD) beginnt (Bhattacharyya, Samarjit Biou et al., 2009; Malenka and Bear, 2004; Dell'Acqua et al., 2006). Die Beteiligung der verankerten PKA in Neuronen des Hippocampus (CA1) an der räumlichen Gedächtnisbindung konnte gezeigt und bereits ausführlich diskutiert werden. Unter anderem nimmt die PKA, verankert über das AKAP *yotiao*, neben der Stabilisierung der AMPARs in der postsynaptischen Membran, nachweislich Einfluss auf die Ca^{2+}-Permeabilität von NMDA-Rezeptoren, wobei die einströmende Menge an Ca^{2+}-Ionen maßgeblich auf die LTP wirkt (Abel and Nguyen, 2008).

Ein weiterer Interaktionspartner des AKAP79 in Neuronen stellt die CaMKII (Calcium-/Calmodulin- abhängige Kinase II), die mit der PKC um dieselbe Interaktionsfläche auf dem AKAP79 konkurriert, dar (Brooks and Tavalin, 2011). Die CaMKII wird durch NMDAR vermittelten Calciumeinstrom, angeschaltet. Gezeigt wurde, dass diese Kinase für den ersten Schritt der LTP-Aktivierung (und damit verknüpft Lernen und Gedächtnis), notwendig ist. Ein genetisches Modell zeigt, dass Mäuse mit einer konstitutiv inaktiven CaMKII (T286A) eine Lern- und Gedächtnisschwäche aufweisen. Dieser Effekt tritt allerdings nicht in allen beobachteten neuronalen Strukturen auf.

1.3 AKAP10

Die im Verlauf dieser Arbeit näher untersuchten Proteine AKAP10 und rgs5 lokalisieren in lebenden Zellen an Mitochondrien. Rgs5 ist ein strukturell mit AKAP10 (= D-AKAP2) verwandtes Protein und stellt möglicherweise auch sein funktionelles Homolog in dem Nematoden *C. elegans* dar.

Das Protein AKAP10 gilt als dualspezifisches AKAP und bindet regulatorische Untereinheiten der PKA sowohl vom Typ I als auch Typ II. Dieses dualspezifische AKAP ist ein Multidomänenprotein. Auf die Mitochondrien-lokalisierende Sequenz am N-Terminus des Proteins folgen zwei rgs- Domänen (*regulator of G-protein signalling*) und weiter eine A Kinase Bindedomäne (*RIIBD*). Im C-Terminus des Proteins findet sich eine PSD-95/DlgA/ZO-1 (PDZ)-Domäne (Huang et al., 1997; Wang et al., 2001). Diese Interaktionsflächen erlauben eine Vielzahl an möglichen Interaktionen, integriert in unterschiedliche Signalwege der Zelle. Beispielsweise ist das Ankerprotein über

Einleitung

seine rgs-Domänen an der Verknüpfung von Signalwegen an der Zellmembran und Mitochondrien beteiligt (Eggers et al., 2009). Die *RIIBD*-Domäne wurde bereits mehrfach intensiv mittels *in vitro* Studien charakterisiert (Sarma et al., 2010; Burns et al., 2003; Burns-Hamuro et al., 2005). Im Rahmen dieser Studien wurde die *RIIBD*-Domäne rekombinant exprimiert und analysiert, bzw. kristallisiert, wobei für diese Interaktionsfläche gezeigt werden konnte, dass sich die Bindung von RIIα Dimeren an die *RIIBD* von der Bindung RIα Dimeren an *RIIBD* des AKAP10 unterscheidet (Sarma et al., 2010). Während für die RII Interaktion zwei „Bindungstaschen" des AKAPs notwendig erscheinen, sind es für die RI vier dieser „Taschen" (Sarma et al., 2010; Burns-Hamuro et al., 2005).

Die zwei in AKAP10 vorhandenen rgs Domänen interagieren direkt mit den G-Proteinen Rab4 und Rab11 und sind über diese Domänen an dem endosomalen Rezeptorrecycling des Transferrinrezeptors (TfnR) beteiligt (Eggers et al., 2009). Entgegen der Hypothese, dass AKAP10 an Mitochondrien lokalisiert, wurde in dieser Publikation beschrieben, dass das Protein AKAP10 durch Interaktion mit Rab 4 sowie Rab 11 an Endosomen rekrutiert wird. Eine Lokalisation mit Mitochondrien konnte hier nicht festgestellt werden, was wahrscheinlich an der Fusion eines Fluorophors an den N-Terminus des AKAPs liegt, in dem sich die mitochondriale Zielsequenz befindet.

Die Multifunktionalität des AKAP10 liegt möglicherweise in der Vernetzung durch Rekrutierung vieler Proteine, die in unterschiedliche Signalwege integriert sind. AKAP10 interagiert nachweislich mit den Rab Proteinen 4 und 11 (*Ras-related protein*, beteiligt an endozytotischen Recyclingschritten), wobei die *in vivo* Priorität der Bindung auf Seite des Rab11 liegt (Eggers et al., 2009). Durch weitere Bindung von Proteinen über die PDZ Domäne an AKAP10 werden Proteine wie NHERF1 (*Na$^+$/H$^+$ exchange regulatory cofactor1* = EBP50, scaffold, dass die Lokalisation von ERM-Proteinen an der Plasmamembran stabilisiert) sowie NHERF3 (*Na$^+$/H$^+$ exchange regulatory cofactor3*=PDZK1: *PDZ domain-containing protein 1*) rekrutiert (Gisler et al., 2003). Diese Interaktion wurde in der Niere gezeigt, wo die PKA an der Regulation des Thyroidhormonrezeptors (THR) und somit an dem Ca^{2+}- und Phosphat-Ionenflux beteiligt ist (Gisler et al., 2003).

Weiter ist publiziert, dass die Bindung von RI an AKAP10 in Makrophagen die Sekretion des Interleukins IL-10 beeinflusst (Kim et al., 2011). Die Expression von AKAP10 ist in unterschiedlichen Geweben, wie zum Beispiel in neuronalem, Herz- oder auch in hepatischem Gewebe, nachgewiesen. Ebenfalls in karzinogenem Gewebe konnte das Protein AKAP10 gezeigt werden (Huang et al., 1997). Ein krankheitsrelevanter, so genannter *single nucleotide polymorphism* (SNP) ist beispielsweise in Herzgewebe funktionell. Hierbei handelt es sich um die Punktmutation Isoleucin 646 zu Valin (I646V), die unter anderem Herzrhythmusstörungen zur Folge haben kann (Neumann et al., 2009; Tingley et al., 2007). Unabhängig von dieser Studie zu dem SNP bei Expression in Herzgewebe und den auftretenden Herzrhythmusstörungen wurde herausgefunden, dass die gleiche Mutation auch bei der Diagnose von Mamma- sowie Kolonkarzinomen in Erscheinung tritt (Kammerer et al., 2003; Wirtenberger et al., 2007; Wang et al., 2009).

Das *C. elegans* Homolog zu AKAP10 ist rgs5 (*regulator of G protein signalling*). Die Expression von rgs5 in den Nematoden ist auf neuronales Gewebe beschränkt und ein Ausschalten (*knock down*) des Gens via RNAi zeigt keinen auffälligen Phänotyp (wormbase.org). Die Funktion des Proteins in *C. elegans* wurde noch nicht eingehend untersucht. Ebenfalls wie AKAP10 besitzt rgs5 zwei rgs Domänen und eine der *RIIBD* aus AKAP10 sehr ähnliche Sequenz im C-Terminus des Proteins (siehe Abbildung 8).

1.4 RACK1

hRACK1 (*receptor for activated C-kinase*) ist ein evolutionär konserviertes Protein, welches zwischen *C. elegans* und dem Menschen eine Sequenzidentität von mehr als 70% aufweist. Das Protein wird in allen humanen Geweben exprimiert und hat sehr vielfältige Aufgaben. Es sind bereits mehr als 80 Interaktionspartner *in vivo* identifiziert (*human protein reference database*, hprd.org) und publiziert (Adams et al., 2011). Als einige Beispiele sollen hier die PKC (mehrere Isoformen der Proteinkinase C), PDE4D5 (Phosphodiesterase 4D5), β-Arrestin 2, PP2A (Proteinphosphatase 2A), β1-Integrin, Insulin- und Integrinrezeptoren und FAK (*focal adhesion kinase*), 14-3-3ς, Gβγ, DAG Kinase sowie RACK1 (Dimerisierung) genannt werden (Adams et al., 2011; Kiely et al., 2008, 2006; Neasta et al., 2011; Imai et al., 2009; Bolger et al., 2006; Kiely et al., 2009).

RACK1 gilt als ein Schlüsselmediator vielfältiger Signalwege in der Zelle. Die funktionelle Beteiligung von RACK1 an der ribosomalen Proteintranslation, was beispielsweise Zellteilung, Wachstum, Differenzierung oder Mobilität zur Folge hat, konnte bereits gezeigt werden (Coyle et al., 2009). Ebenso ist dieses multifunktionale Protein in apoptotischen Signalwegen sowie bei der Entwicklung von karzinogenem Gewebe involviert (Cao et al., 2009b; Wang et al., 2011a; Wu et al., 2010). Die Aminosäuren 36 und 38 im RACK1 sind an der Bindung von RACK1 an Ribosomen beteiligt. Das Einführen der Doppelmutation R36D/K38E (hRACK1 DM-GFP[2]) hat für das RACK1 Protein zur Folge, dass eine Lokalisation an Ribosomen verhindert wird (Coyle et al., 2009). Zwi-

Einleitung

schen den Proteinen RACK1 und β-Arrestin wurde die Konkurrenz um die Bindungsstelle an die PDE4D5 mittels *scanning peptide arrays* identifiziert (Bolger et al., 2006). Wie bei dem bereits publizierten Interaktionspartner (PDE4D5) besteht durch die ubiquitäre Expression und Lokalisation des Proteins ein Hinweis zur cAMP-vermittelten Signaltransduktion (Adams et al., 2011; Rebecca J. Bird, 2010).

Die Interaktion von RACK1 mit den Untereinheiten beta und gamma heterotrimärer G-Proteine (Gβγ) wird nach PKA Aktivierung gelöst und RACK1 transloziert in den Zellkern (Chen et al., 2004b; a). Eine zusätzliche Verbindung zwischen cAMP-vermittelten Signalkaskaden und RACK1 wurde am Protein Asc1 (RACK1 Homolog aus Hefe) gezeigt. Hier wurde beschrieben, dass Asc1 als Gβ Protein funktionell an der Signalvermittlung nach Glucosestimulation der Zelle fungiert (Zeller et al., 2007). Eine Erklärung für diese Funktion könnte sein, dass das RACK1 Protein eine über 70%-ige Homologie zu Gβ Proteinen aufweist. Einer der Hauptunterschiede zwischen den zwei Proteinen besteht im „Verbindungsloop" zwischen den WD40 Domänen 6 und 7 (RACK1 *knob*, siehe Abbildung 2). Weiterhin besitzt Gβ im N-Terminus eine helikale Struktur, die eine Interaktion mit dem Gγ Protein ermöglicht. Diese fehlt dem RACK1 Protein (siehe Abbildung 2) (Chen et al., 2004b).

Die Vielzahl an Funktionen von RACK1 in der Zelle liegt in seiner Struktur und an den bisher bekannten posttranslationalen Modifikationen begründet. Es wurden hauptsächlich Phosphorylierungen an Tyrosinresten publiziert. RACK1 besteht aus sieben WD40 Domänen, die sich ähnlich einem Propeller, zusammenlagern (Abbildung 2) (Yatime et al., 2011).

Einleitung

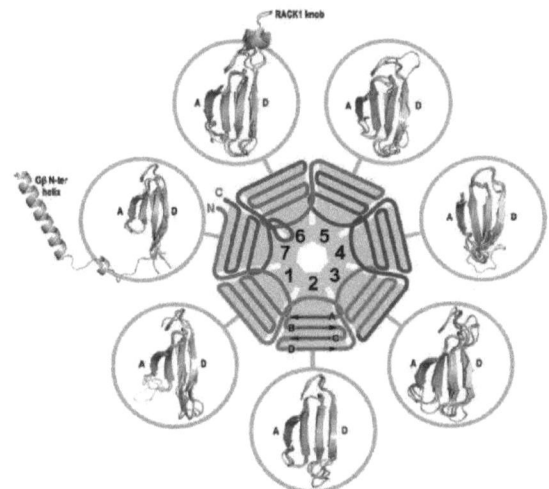

Abbildung 2 Darstellung des RACK1 und seiner einzelnen RACK1 WD40 Domänen. Die WD40 Strukturen von RACK1 Proteinen aus unterschiedlichen Organismen (Gβ1 (blau), *A. thaliana* (grün) (PDB: 3DM0), *S. cerevisiae* (orange) (PDB: 3FRX) und *T. thermophila* (pink)) sind in der Überlagerung dargestellt. An WD40 Domäne 6 ist der („RACK1 knob") zu erkennen, sowie an WD40 Domäne 7 die helikale Struktur des Gβ1 Proteins zur Interaktion mit Gγ notwendig, die in RACK1 Proteinen nicht enthalten ist. (Adams et al., 2011)

C-terminal besitzt jede WD40 Domäne ein Tryptophan-Aspartat (WD)- und N-terminal ein Glycin-Histidin (GH)-Motiv. Weiterhin ist in nahezu jedem WD40 Motiv des RACK1 eine Tyrosin-Phosphorylierungsstelle lokalisiert. Tyrosin-52 (Verbindung zwischen WD1 und WD2) vermittelt durch cAbl die Interaktion mit FAK (Kiely et al., 2009). In WD4 lokalisiert Tyrosin-140, WD5 enthält Tyrosin-194, WD6 Tyrosin-228 und Tyrosin-246 und in WD7 lokalisiert Tyrosin-302. Wobei letztere für die Interaktion mit PP2a (Tyrosin-302 phosphoryliert) und β1-Intergrin (Tyrosin-302 dephosphoryliert) verantwortlich ist (Kiely et al., 2008). Die Phosphorylierung von Tyrosin-228 sowie Tyrosin-246 erfolgt durch die Src-Kinase, wobei die Phosphorylierung Tyrosin-246 essenziell für die Interaktion mit der Src-Kinase notwendig ist (Mamidipudi et al., 2007). Aktuell wurde eine einzige Phosphorylierung eines Serinrestes publiziert. Diese befindet sich in WD4, Serin-146. Diese Modifikation wird zur Dimerisierung des RACK1 benötigt, wodurch die Degradation von HIF-1α induziert wird (Liu et al., 2007). Die unterschiedlichen Signalwege und Interaktionspartner von RACK1 sind vom Zelltyp bzw. Gewebetyp abhängig, in denen sich das Protein befindet. RACK1 gilt auch als Biomarker in Brustkrebstumoren mit schlechter Heilungsprognose (Cao et al., 2009b; a).

1.4.1 Funktionen des RACK1 Proteins in Neuronen

Die evolutionäre Konserviertheit des RACK1 Proteins (100 % zwischen Mensch und Huhn, wo es als erstes isoliert wurde (Ron et al., 1994; Rodriguez et al., 1999)), lässt auf eine hohe biologische

Einleitung

Relevanz des Proteins schließen. Weiterhin steigt die Zahl der identifizierten Interaktionspartner sowie seiner intrazellulären Funktionen seit seiner ersten Publikation im Jahr 1991 stetig an (Sklan et al., 2006). Eine tragende Rolle scheint RACK1 auch in neuronalen Geweben zu haben, da es hier immer neue Hinweise auf die Beteiligung von RACK1 in neurodegenerativen Krankheiten gibt. Patienten mit Trisomie21 zeigen eine signifikant verringerte Expressionsrate des RACK1 Proteins im Gehirn (Sklan et al., 2006). Diese entwickeln im Lauf ihres Lebens meist eine Alzheimer Erkrankung, bei der die Beteiligung von RACK1 ebenfalls diskutiert wird, ebenso wie in Alterungsprozessen des Gehirns (Pascale et al., 1996; Battaini and Pascale, 2005).

RACK1, gebunden an Isoformen der aktiven PKC, steht im Zusammenhang mit Lernprozessen bzw. der LTP. Dieses wurde durch die gefundene Interaktion von RACK1 mit NMDARs gezeigt (Sklan et al., 2006; Thornton et al., 2004). Weiter konnte nachgewiesen werden, dass RACK1 an das Adaptorprotein 14-3-3ς bindet. Diese Interaktion ist cAMP-gesteuert und reguliert die Expression des Transkriptionsfaktors BNDF (Neasta et al., 2011).

Neben der Beteiligung an der Expression des Transkriptionsfaktors BNDF wurde RACK1 in apoptotischen Signalwegen einiger Zellen ebenfalls bereits gezeigt (Mamidipudi and Cartwright, 2009). RACK1 inhibiert die Expression der anti-apoptotischen BH3 Proteine Bcl-2 und Bcl-XL und ermöglicht die Oligomerisierung und Translokation von Bax in die Mitochondrienmembran (Wu et al., 2010). Die Membran erhält durch die eingelagerten Bax-Dimere Poren, durch die Cytochrom C in das Zytoplasma der Zelle einströmen kann. Dieses gilt als ein Bestandteil der apoptotischen Signalkaskade (siehe Kapitel 1.6). Weiterhin wird die Expression des pro-apoptotischen Proteins Bim von RACK1 forciert, ebenso wie die Aktivierung der Src-Kinase verhindert wird. Eine inaktive Src-Kinase hat einen inaktiven Akt-gesteuerten Zellüberlebensweg zur Folge (Mamidipudi and Cartwright, 2009).

Über die Funktion des *C. elegans* RACK1 (ceRACK1) Proteins (Expression ausschließlich in Neuronen) ist bisher wenig bekannt. Es bindet während der Entwicklung des Nematoden bei Zellteilungsprozessen an Rab11 (Ai et al., 2009). Weiterhin ist ceRACK1 zusammen mit Mikrotubuli bei der Polarisation von *C. elegans* Embryonen beteiligt (Ai et al., 2011). RNAi des Proteins in unterschiedlichen Entwicklungsstadien des Nematoden zeigt unter anderem häufig embryonale bzw. larvale Letalität. In adulten Nematoden wurden einige Defekte des Reproduktionsapparates identifiziert (wormbase.org).

Einleitung

1.5 Proteinkinase A (PKA)

Die PKA gehört zur Familie der Serin-/Threoninkinasen, einer Untergruppe der AGC-Kinasen (PKA, PKG, PKC). In einer Zelle, die einen basalen, nicht stimulierten cAMP Spiegel aufweist, liegt die Proteinkinase A als inaktives tetrameres Holoenzym vor (Walsh et al., 1968). Das Holoenzym besteht aus zwei katalytischen (C-) Untereinheiten und zwei regulatorischen (R-) Untereinheiten. Die C-Untereinheiten werden durch eine in der R-Untereinheit zu findende (Pseudo-) Substratsequenz inhibiert (C-BD), siehe Abbildung 3 (Herberg et al., 1996; León et al., 1997; Taylor et al., 2004).

Abbildung 3 Schematische Darstellung der Primärstruktur der hRIβ, unterteilt in ihre unterschiedlichen funktionellen Domänen. Der N-Terminus enthält die D/D-Domäne (türkis), gefolgt von der Pseudosubstratsequenz zur Inhibierung der katalytischen Untereinheit (blau). In rot dargestellt sind die zwei aufeinanderfolgenden cAMP bindenden Domänen und abschließend mit der potentiellen BH3 Domäne (grün) im C-Terminus des Proteins.

Erst ein von Adenylylzyklasen (AC) generierter Pool des *second messengers* cAMP kann die Aktivierung des Enzyms, die Dissoziation der C-Untereinheit von der R-Untereinheit, hervorrufen. Die Affinität der R-Untereinheit für die C-Untereinheit ist sehr hoch und liegt im subnanomolaren Bereich (Herberg et al., 1996). Die regulatorischen Untereinheiten bleiben am jeweiligen N-Terminus (Dimerisierungs-Docking-Domäne, DD-Domäne) miteinander verbunden (León et al., 1997), wobei nur die Typ II PKA vollständig in lebenden Zellen dissoziiert, wenn cAMP erhöht ist (Dissertation Mandy Diskar, 2009). Bekannt sind bisher vier Isoformen der R-Untereinheit (RIα, RIβ, RIIα und RIIβ) und drei prinzipielle Isoformen der C-Untereinheit (Cα, Cβ und Cγ) aus höheren Wirbeltieren, sowie zahlreiche Homologe des PKA Systems aus niederen Organismen, wie zum Beispiel aus *C. elegans* oder *D. discoideum*. Eine weitere katalytische Untereinheit, deren Regulation einzig von RI-Untereinheiten abhängig ist, ist die Proteinkinase X (PrKX) (Zimmermann et al., 1999; Diskar et al., 2010). Deren Funktion, die Regulation von Proliferation, die Migration und die Ausbildung vaskulärer Strukturen als Hauptmerkmale der Angiogenese (Ausbildung neuer, kapillarer Blutgefäße) erst kürzlich geklärt werden konnte (Li et al., 2011).

Einleitung

Die RI/IIα –Untereinheiten kommen in allen Geweben, in denen PKA eine Rolle spielt, vor, wobei die RI/IIβ-Untereinheiten gewebsspezifisch exprimiert werden (Skalhegg and Tasken, 2000). Generell ist festzustellen, dass alle Isoformen der regulatorischen Untereinheiten der PKA in neuronalem Gewebe exprimiert werden. Die Expression der einzelnen Isoformen in einzelnen Arealen des Gehirns ist abhängig vom Zelltyp ebenso wie vom Entwicklungsstand des Individuums. In Nagern stellt die häufigste Isoform im Gehirn die RIIβ dar (Mucignat-Caretta and Caretta, 2011). Diese ist in Neuronen und Gliazellen hauptsächlich an Membranen lokalisiert. Die RIIα wurde in Ependymazellen sowie in Glioblastomen nachgewiesen (Mucignat-Caretta et al., 2008). Die Ependymazellen lokalisieren in der epidermalen Schicht des Ventrikularsystems im Zentralnervensystem, welches in die Produktion der zerebrospinalen Flüssigkeit involviert ist. Die regulatorischen Untereinheiten vom Typ I im Nagergehirn kolokalisieren niemals zusammen mit RII-UE (Mucignat-Caretta et al., 2008). Die Expression der RIβ scheint deutlich eingeschränkter zu sein, als die der RIα. Die RIβ konnte im Nagergehirn im olfaktorischen Zentrum sowie dem Kleinhirn gezeigt werden (Mucignat-Caretta and Caretta, 2001), genauer: im *Bulbus olfactorius* (Riechkolben), in Mitralzellen und in den Purkinje Zellen des Kleinhirns (Cerebellum).

Bereits vor einigen Jahren wurde die hRIβ im Holoenzym mit der hCα *in vitro* charakterisiert (Cadd et al., 1990). Hier wurde die hRIβ *in vitro* exprimiert und analysiert, mit dem Ergebnis, dass sich das RIβ Holoenzym im Vergleich zu RIα Holoenzym bereits bei einer cAMP Konzentration von 5-25 nM aktivieren lässt (vgl. RIα:Cα 54-100 nM) (Cadd et al., 1990; Diskar et al., 2007). Ganz im Gegensatz dazu steht das Ergebnis einer *in cell* Aktivierungsstudie im BRET[2] System, wobei sich herausstellte, dass sich das RIβ Holoenzym nur zu maximal 25 %, unter cAMP Stimulation aktivieren lässt. Die Aktivierung des RIβ Holoenzyms nach Lyse der Zellen liegt bei 100 % (Diskar, Brockmeyer et al., Manuskript in Vorbereitung), welches wieder im Einklang mit den bisherigen *in vitro* Studien steht (Cadd et al., 1990). Diese Ergebnisse erlauben Überlegungen zu spezifischen, zusätzlichen Regulationsmechanismen der PKA Iβ Holoenzyme in der Zelle.

Es konnte bereits gezeigt werden, dass die Anwesenheit von Substrat und cAMP die Aktivierbarkeit der PKA Holoenzyme beeinflusst (Viste et al., 2005) (und HM. Zenn, unveröffentlichte Daten). Weiterhin liegen Ergebnisse aus Immunfluorenszenzstudien vor, die eine Aggregatbildung des hRIβ-GFP[2] Fusionsproteins in Cos7 Zellen zeigen. Dass diese Aggregate auch in intaktem Gewebe vorkommen, konnte in primären DRG Zellen (*dorsal root ganglion*) der Ratte gezeigt werden (Diskar, Brockmeyer et al., Manuskript in Vorbereitung).

1.5.1.1 Vorarbeiten und Hypothese zur Funktion der RIβ

Nach intensivem Sammeln verschiedenster Daten im Rahmen vorhergehender Arbeiten konnte eine Hypothese zur Funktion der RIβ aufgestellt werden. Die hRIβ liegt endogen sowohl zytoplasmatisch, als auch in größeren Aggregaten vor. Nach Anfertigung einiger Deletionsmutanten der hRIβ sowie Einführen spezifischer Punktmutationen wurde die Lokalisation überexprimierter Proteinkonstrukte in Cos7 Zellen mittels konfokaler Fluoreszenzmikroskopie überprüft. Hierbei sollte unter anderem herausgefunden werden, welcher Teil des Proteins (N-Terminus oder C-Terminus) für die Ansammlung in den beobachteten Aggregaten verantwortlich ist. Es ist festzustellen, dass nach Deletion des N-Terminus (Δ1-92) die analysierten Zellen eine Mischpopulation der Lokalisation der GFP[2]-Fusionskonstrukte zeigten. Es existieren intrazellulär eine zytoplasmatische Verteilung ebenso wie die bereits erwähnten Aggregate des Proteins. Hiernach lässt sich sagen, dass die Verankerung der RIβ potenziell über AKAPs, als Ursache der Aggregatbildung, nicht ausschließlich über die amphipathische Helix der dimerisierten R-Untereinheiten stattfindet. Eine mögliche Funktion der beobachteten RIβ-Aggregate könnte die Langzeitspeicherung dissoziierter R-UE sein, wie für die RIα bereits beschrieben werden konnte (Day et al., 2011).

Bisher konnte nur in der Seeschnecke *Aplysia* gezeigt werden, dass eine konstitutiv aktive katalytische Untereinheit für das Langzeitgedächtnis notwendig ist, was in diesem Organismus durch selektive Degradation von RI Untereinheiten nach Stimulation mit Serotonin (5´HT) erreicht wird (siehe auch 1.2.1). RII Untereinheiten sind von der Serotonin-abhängigen-Proteolyse nicht betroffen (Kurosu et al., 2008). Diese grundlegend unterschiedliche Regulation der RI und RII PKA Isoformen legt eine vollständig unabhängige Funktion der PKA Isoformen in der Zelle nahe, was für den Säugerorganismus bislang noch nicht publiziert wurde.

1.5.2 cAMP, PKA und Apoptose

In einer aktuellen Publikation (Insel et al., 2011) wurden cAMP vermittelte pro- und antiapoptotische Signalwege dargestellt. In einigen Zelllinien konnte gezeigt werden, dass erhöhte cAMP-Spiegel in der Zelle Mitochondrien-basierte Apoptose auslösen können (Liu et al., 2011). Diese tritt auch in neuronalem Gewebe auf, in denen die PKA Iβ vermehrt exprimiert wird, ebenso wie beispielsweise im Herzgewebe, wo andere PKA Isoformen nachweislich vorhanden sind (Insel et al., 2011; Skalhegg and Tasken, 2000). Endogen exprimierte RIβ konnte nach Isolation von Mitochondrien bereits in der mitochondrialen Matrix nachgewiesen werden (mündliche Mitteilung

Einleitung

Frau Prof. Susan Taylor). Nach einer aktuellen Publikation konnte ein RI-spezifisches AKAP identifiziert werden (SKIP: *sphingosine kinase interacting protein*), dass die PKA Typ I in Mitochondrien verankert, um die Phosphorylierung von PKA Substraten in Mitochondrien zu ermöglichen (Means et al., 2011).

Ebenso kann cAMP in einigen Zellen anti-apoptotisch wirken (Cribbs and Strack, 2007). Teilweise sind cAMP abhängige pro- und anti-apoptotische Signalwege in den gleichen Zellen möglich, wobei immer eine Wirkung (pro- oder anti-apoptotisch) den Vorzug erhält (Insel et al., 2011). Eine zu geringe Menge cAMP in Neuronen des Zentralnervensystems resultiert in reduziertem Axonwachstum welches durch Stimulation der Zellen mit Forskolin (cAMP Produktion) und PDE Inhibition durch Rolipram revertierbar ist (Brown et al., 2010).

Aus aktuellen Studien zur Funktion der PKA beziehungsweise cAMP geht hervor, dass die aktivierte PKA Iα das proapoptotische Protein Bim, durch Phosphorylierung an Serin 87, stabilisiert (Moujalled et al., 2011). Expression der Bim Mutante S87A (nicht phosphorylierbar) zeigt eine beschleunigte proteolytische Degradation (vermittelt durch die Ubiquitinligase βTrCP1) des Proteins Bim. Das bedeutet im Umkehrschluss, eine erhöhte intrazelluläre cAMP Konzentration (aktivierte PKA) und hat zur Folge, dass die Stabilisierung des pro-apoptotischen Proteins Bim einen beschleunigten Zelltod herbeiführt. Das liefert eine mögliche Erklärung für Erkrankungen wie den Carney Komplex (CNC), wobei eine Mutation in der regulatorischen Untereinheit Iα der PKA eine Rolle spielt (Horvath et al., 2010; Ragazzon et al., 2009). Das Krankheitsbild des CNC beschreibt pigmentierte Tumore, die sowohl in endokrinen Drüsen (Bsp.: ovariale Zysten), dem Herzgewebe (kardisches Myxom), als auch in Neuronen (*melatonic schwannoma*) vorkommen (Bertherat, 2006).

Nach Hinweisen, dass die PKA in unterschiedlichen Mechanismen und Geweben an apoptotischen Signalwegen beteiligt ist, wäre als eine neue mögliche Funktion der RIβ die Regulation des programmierten Zelltods, beispielsweise in der Entwicklung eines Organismus in neuronalem Gewebe, denkbar.

1.6   Exkurs: Apoptose, Nekrose & Autophagozytose

Im Verlauf dieser Arbeit mehrten sich Hinweise auf eine Funktion der RIβ, die als proapoptotisches Protein wirken könnte, und möglicherweise selbst komplex reguliert wird. Daher soll an dieser Stelle kurz ein Exkurs zu zelldegenerativen Prozessen eingeführt werden.

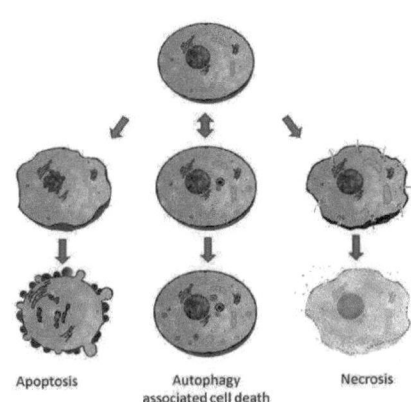

Abbildung 4 Unterschiedliche zelldegenerative Signalwege, die zum Tod der Zelle führen. Über klassische Signalwege, die meist über so genannte *death receptors* vermittelt werden, werden unterschiedliche Caspasen aktiviert. Diese Aktivierung hat meist eine Kondensation und Fragmentierung der DNA im Zellkern, ebenso wie die Ausbildung von apoptotischen Zellkörpern zur Folge. Weiterhin werden große Mengen Cytochrom C aus den Mitochondrien freigesetzt. Unter anderem werden in Neuronen aktuell immer neue Signalwege bekannt, die mit der Neurodegeneration zusammenhängen. Ein Beispiel hierfür ist die Autophagozytose, die bei Fehlregulation in apoptotische Signalwege integriert wird. Als ein „zufälliger" Zelltod gilt die Nekrose in Zellen. Hierbei findet keine gerichtete Degradation der Zellbestandteile statt. Nach aktuellen Studien werden allerdings immer neue Vernetzungen der einzelnen Signalwege bekannt. Eine programmierte Nekrose (Nekroptose) wird ebenso diskutiert wie eine in Apoptose mündende Autophagie (Apophagie). (Abbildung nach Homepage Helmholtz Zentrum für Infektionsforschung, Abteilung Entzündung und Immunität, AG Prof. I. Schmitz.)

1.6.1 Apoptose, Paraptose

Die Apoptose beschreibt einen Weg des programmierten Zelltods, der durch externe oder interne Signale vermittelt werden kann. Diese Signale können sowohl intrinsisch als auch extrinsisch erfolgen. Dieses Signal wird oft durch Fas-Rezeptoren oder so genannte *death receptors* initiiert. In diese Signalkaskade sind oft Proteine, wie Bax, Bcl oder APAF (*apoptotic protease-activating factor*) involviert, die weiter definierte Caspasen aktivieren (Proteasen), die ihrerseits die Zelle von innen abbauen. Dieses geht unter anderem mit der Degradation der DNA, dem Einstrom von Cytochrom C in das Zytoplasma aus dem Mitochondrienspeicher und der Schrumpfung der Zelle einher. Allerdings ist mittlerweile bekannt, dass der Mechanismus der Apoptose komplexer ist als zunächst angenommen (Leist and Jäättelä, 2001). Mittlerweile sind unterschiedliche Formen des Neuronentods, vorwiegend im Bereich der Neurodegeneration, beschrieben.

Einleitung

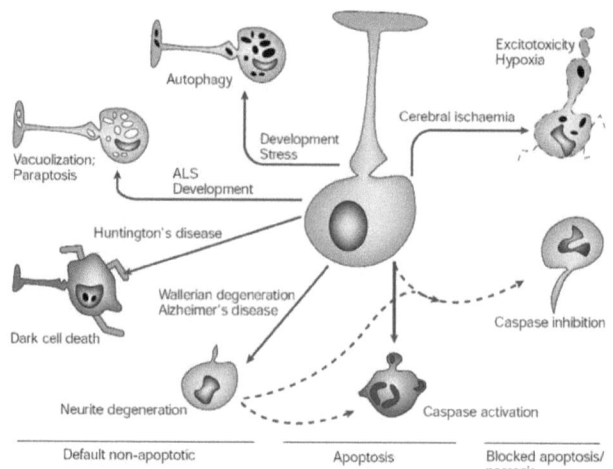

bbildung 5 Schematische Darstellung bekannter neurodegenerativer Signalwege, die mit unterschiedlichen Phänotypen der Zellen und somit unterschiedlichen Krankheitsbildern verknüpft werden. (Abbildung nach Leist et al, *Four deaths and a funeral*, 2001) Dargestellt sind klassische Signalwege der Apoptose ebenso wie nicht apoptotische Neurodegeneration. Diese zeigen häufig einzelne Merkmale einer degradierten Zelle, wobei die Zellen nicht vollständig abgebaut werden. Es treten Proteinaggregate oder Vakuolen in den Zellen auf, die deren ursprüngliche Funktion hierdurch massiv einschränken oder vollständig inaktivieren.

Als ein Beispiel soll hier die Paraptose genannt werden (Sperandio et al., 2000). Diese zeichnet sich durch Zelldegeneration aus, die unabhängig von Caspasen gesteuert wird. Hierbei zeigen die betroffenen Zellen starke Vakuolisierung, sowie eine Degradation der DNA (Leist and Jäättelä, 2001). Diese Form der Neurodegeneration tritt z.B. bei dem Krankheitsbild der amyotrophen Lateralsklerose (ALS, *amyothrophic lateral sclerosis*) auf (siehe bbildung 5).

1.6.2 Nekrose

Der eher spontan auftretende Zelltod, nach Verletzungen beispielsweise, ist kein programmierter Zelltod und wird als Nekrose bezeichnet. Hierbei kennzeichnet die Zellen ein Anschwellen des Zellkörpers, ebenso wie die Ausstülpung (oft ebenso Abkapseln) von Membranteilen. In nekrotischen Zellen findet keine DNA-Degradation statt, ebenso wenig wie die Aktivierung der an der klassischen Apoptose beteiligten Caspasen 3, 8 und 9. Um den Zelltod allgemein noch komplexer zu gestalten, gibt es nach aktuellen Publikationen Signalwege zwischen einer klassischen Apoptose und der Nekrose, die Merkmale beider Zelldegenerationswege kombinieren. Einer dieser Mechanismen wird als programmierte Nekrose oder Nekroptose diskutiert (Galluzzi and Kroemer, 2008).

1.6.3 Autophagozytose

Als ein dritter Mechanismus zur spezifischen Degeneration, primär von intrazellulären Proteinen, ist die Autophagozytose zu nennen. Hierbei werden Proteine nach unterschiedlichen Mustern mit Ubiquitin markiert und anschließend zum Proteasom rekrutiert, wo diese Proteine abgebaut werden. Die Autophagozytose ist ein kontrollierter Mechanismus, der in bestimmten Zellen nicht-regenerativer Gewebe, wie zum Beispiel Neuronen, in die Apoptose geleitet werden kann. Ebenso wird eine Funktion der deregulierten aktiven Autophagozytose in neurodegenerativen Krankheiten, wie zerebraler Ischämie diskutiert (Rami and Kögel, 2008). Es gibt aktuell ein Protein, dass in die Autophagozytose-Maschinerie involviert ist und nach Prozessierung ebenfalls in apoptotische Regulationsmechanismen eingebunden ist: Beclin (Sinha and Levine, 2008; Zhu et al., 2010). Beclin wurde zunächst als ein Bcl-interagierendes Protein gefunden. Im Nachhinein konnte gezeigt werden, dass Beclin eine BH3-Domäne besitzt (pro-apoptotische Funktion ermöglicht) und ein ebenso wichtiger Effektor der Autophagozytose ist. Das Protein kann in der Zelle nach entsprechender Prozessierung von der Autophagozytose in den programmierten Zelltod (Apoptose) vermitteln (Sinha and Levine, 2008; Zhu et al., 2010). In dem Zusammenhang von Autophagie und Apoptose taucht in aktueller Literatur der Begriff Apophagie auf (Xu and Zhang, 2011; Rami and Kögel, 2008). In diesen Publikationen ist beschrieben, dass sowohl Autophagie als auch Apoptose in derselben Zelle auftreten und miteinander verknüpft werden können.

1.7 Der Modellorganismus *C. elegans* und die PKA

C. elegans gehört zur Familie der Nematoden. Der ein Millimeter große Fadenwurm besitzt zahlreiche Vorteile, weshalb er zunehmend als Modellorganismus in biologischen Fragestellungen Verwendung findet. Er besitzt eine Generationszeit von etwa drei Tagen und lässt sich durch die Produktion sehr vieler Nachkommen auch in großen Mengen problemlos im Labor kultivieren. Der Nematode ernährt sich von Bakterien (*E. coli*) und kann sowohl auf Agarplatten als auch in Flüssigkultur gehalten werden (Corsi, 2006). Weiterhin kann der Fadenwurm problemlos zur Lagerung eingefroren und bei Bedarf wieder aufgetaut werden, ohne dass die Lebensfähigkeit beeinträchtigt wird. Seine transparente Kutikula erlaubt mikroskopische Untersuchungen am lebenden Tier. Trotz seines einfachen Körperbaus besitzt *C. elegans* viele wichtige Organsysteme, wie ein Nervensystem, Skelettmuskulatur oder polarisierte Epithelien. Die Zellzahl von *C. elegans* ist konstant und das Schicksal einer jeden Zelle während der Entwicklung bekannt (Kenyon, 1988). Die

Einleitung

Organismen sind meist Hermaphroditen, wobei auch männliche Spezies (0,1 % einer Wildtyp Generation) ausgebildet werden, die eine sexuelle Reproduktion des Fadenwurms ermöglichen.

Die vollständige Sequenzierung des Modellsystems 1998 ergab, dass rund 19.000 Gene ausreichend sind, um einen vielzelligen, komplexen Organismus zu organisieren. Es wurde weiter herausgefunden, dass etwa 60 % der krankheitsassoziierten Gene des Menschen ein Homolog in *C. elegans* besitzen (Merrihew et al., 2008). Die Konservierung der Genfunktionen machen *C. elegans* zu einem geeigneten Modell zur Forschung an metabolischen Funktionen, der Signaltransduktion, der Entwicklungsbiologie und der Neurobiologie (Eichmüller et al., 2004). Die PKA übernimmt in *C. elegans* ebenfalls zentrale Schlüsselfunktionen zahlreicher Signaltransduktionsprozesse. Wie bereits erwähnt ist das *C. elegans* PKA System simpler als das höherer Organismen, was die Analyse des PKA Interaktoms erleichtern sollte. Es ist bisher nur eine regulatorische Untereinheit (R_{CE}, „gene name": kin2) identifiziert worden, die eine hohe Sequenzhomologie mit einer regulatorischen Untereinheit vom Typ Iβ aus Säugern aufweist (Lu et al., 1990). Weiterhin gibt es eine katalytische Untereinheit (C_{CE}, „gene name": kin-1), sowie ein Homolog zur humanen PrKX, F47F2.1, die jeweils mehrere Spleißvarianten aufweisen (Gross et al., 1990; Diskar et al., 2010).

Datenbanken mit ausführlichen Informationen zu *knock out* Stämmen und RNAi Daten mit genauer Phänotypisierung sind online verfügbar auf http://www.wormbase.org/ oder http://www.wormatlas.org.

1.8 Zielsetzung der Arbeit

In dieser Promotionsarbeit sollen neue AKAPs identifiziert werden, die PKA Typ I β binden. Als Modellsysteme wurde zum einen *C. elegans* gewählt, da dieser nur Typ I PKA zur Verfügung hat, und zum anderen die neuronale F11 Zelllinie, die endogen PKA Iβ exprimiert. Dazu werden zunächst grundlegende Methoden, wie z.B. die Kultivierung und Kryokonservierung des Nematoden *C. elegans* in Kassel etabliert. Mittels cAMP-affinitätschromatographischen Versuchen, gefolgt von massenspektrometrischen Analysen, sollen in dieser Arbeit R-UE bindende Proteine identifiziert werden, die möglicherweise Homologe in höheren Säugern aufweisen und somit Aufschluss über die Funktion der PKA Iβ im Säuger geben können. Kandidatenproteine aus diesem Versuchsansatz werden dann mit bereits etablierten Systemen BRET² und Oberflächenplasmonresonanz (SPR) untersucht und charakterisiert.

Parallel zu den *pulldown* Experimenten sollen *in silico* Recherchen nach potenziellen, noch unbekannten AKAPs in den Nematoden angewandt werden. Hier werden die amphipathischen Helices bekannter AKAP Proteine für die Suche nach homologen Proteinen in *C. elegans* verwendet. Die möglichen Helices der Kandidatenproteine sollen mittels *peptide spot arrays* am Biotechnologie Zentrum in Oslo, AG K. Taskén, auf ihre Bindung an R-UE untersucht werden. Einige der positiven Kandidaten sollen im Rahmen dieser Arbeit weiter analysiert und ihre Funktion als neues AKAP aus *C. elegans* verifiziert werden.

2 Material & Methoden

2.1 Ausgangsmaterial

Die verwendeten Standard Chemikalien wurden, soweit nicht anders angegeben, von Sigma-Aldrich Chemie GmbH, Steinheim; Carl Roth GmbH & Co., Karlsruhe; Fluka Chemie GmbH, Buchs; AppliChem GmbH, Darmstadt; Merck KGaA, Darmstadt; Sigma Chemie, Deisenhofen; PAA Laboratories GmbH, Cölbe; Roche GmbH, Penzberg und Serva Electrophoresis GmbH, Heidelberg bezogen.

Zu Beginn dieser Arbeit wurde der Modellorganismus *C. elegans* in der Arbeitsgruppe Biochemie der Universität Kassel eingeführt. Nematoden des „Wildtyp" Stammes N2 (Corsi, 2006) wurden von Frau Dr. Monika Jedrusik-Bode aus dem Max-Planck-Institut für Biophysikalische Chemie in Göttingen zur Verfügung gestellt. Ebenso wurden die notwendigen Methoden (2.2.2) in der Arbeitsgruppe von Frau Dr. Jedrusik-Bode erlernt und anschließend nach Kassel überführt. Weiterhin konnten einige cDNAs neuer, potenzieller A Kinase Ankerproteine des Nematoden von der Arbeitsgruppe Jedrusik-Bode (ceRACK1, rgs5 und eat-3) für diese Arbeit zugänglich gemacht werden.

2.1.1 DNA

Tabelle 1: Zur Verfügung stehendes DNA Ausgangsmaterial

BRET²-Konstrukte	Bezeichnung	Herkunft	Bemerkung
GFP²-C3-KinC	GFP²-Kin1	Dr. Mandy Diskar	Isoform ZK909.2j.1
Rluc-N3-KinR	Kin2-Rluc	Dr. Mandy Diskar	Isoform R07E4.6a
Rluc-N1-hRIβ	RIβ–Rluc	Dr. Mandy Diskar	
GFP²-Rluc8	GFP²-Rluc8 rab3	Dr. Mandy Diskar	C.e. rab-3 Promotor
GFP²-EPAC lang-Rluc8	EPAC Sensor	Alexander Meier	Diplomarbeit 2009
GFP²-N3-hRACK1	RACK1-GFP²	Dr. Mandy Diskar	
Original-Klone			
rgs5	pDONR Vektor	Dr. M. Jedrusik-Bode	Worfeome Klon
pPD114.95 (L3516)	myo-3 Promotor	Dr. M. Jedrusik-Bode	Fire vector kit
pUH4::rab-3::GFP	rab-3 Promotor	Dr. M. Jedrusik-Bode	
EGFP-N1-BirA-mCherry	BirA-mCherry	Dr. E. Schulze	Prof. R. Baumeister

| SnAvi tag | SnAvi | Dr. E. Schulze | Labor, Albert-Ludwigs-Universität Freiburg |

Die verwendeten BRET^2-Vektoren der Firma Packard Bioscience sind für die Transfektion und Proteinexpression in Säugerzellen optimiert. Die GFP^2- bzw. Renilla Luciferase- Fusionsproteine stehen unter dem starken Cytomegalovirus-Promotor (CMV-Promotor), dieser ermöglicht eine konstante Überexpression des Fusionskonstruktes. Die Selektion in Pro- und Eukaryotischen Zellen erlauben die Resistenzgene für Zeocin^{TM} auf GFP^2-Vektoren, Kanamycin (prokaryotische Selektion) und G418/ Neomycin (eukaryotische Selektion) auf RLuc-Vektoren. Das gewünschte Protein kann N- und C-terminal mit dem Reportergen fusioniert werden. Es stehen alle drei Leserahmen der jeweiligen GFP^2-N-, GFP^2-C, RLuc-N- und RLuc-C-Vektoren zur Verfügung.

2.1.1.1 *E. coli* Medien

SOC-Medium (2% Trypton, 0.5 % Hefeextrakt, 10 mM NaCl, 2.5 mM KCl, 10 mM MgCl$_2$, 10 mM MgSO$_4$, 20 mM Glucose, ad 1000 mL H$_2$O$_{bidest}$)

LB-Medium (10 g NaCl, 10g Bacto-Trypton, 5 g Hefeextrakt, ad 1000 mL H$_2$O$_{bidest}$)

LB-Agarplatten (10 g NaCl, 10 g Bacto-Trypton, 5 g Hefeextrakt, 15 g Bacto-Agar ad 1000 mL H$_2$O$_{bidest}$)

Kanamycin-Stocklösung, 50 mg/mL Kanamycin (Serva)

Zeocin^{TM}-Stocklösung, 100 mg/mL Zeocin^{TM} (Invitrogen)

Medien, Agar und S1-Abfall wurden 20min bei 121°C autoklaviert. Antibiotika wurden den Selektionsmedien erst nach Abkühlen der Lösungen zugesetzt, um eine hitzebedingte Zersetzung des Antibiotikums zu vermeiden.

Tabelle 2: Verwendete *E. coli* Stämme

E.coli Stamm	elektrisch kompetent	chemisch kompetent	Protein Expression	Plasmid Präparation	Herkunft
Top10 RbCl		x		x	aus Top10® selbst hergestellt
Top10®	x			x	Invitrogen, Karlsruhe
XL1 Blue	x			x	TU Braunschweig, AG Prof. S. Dübel

Material & Methoden

NovaBlue Giga Singles®	x		x		Merck, Darmstadt
GM2163 (dam-)	x			x	Fermentas, St. Leon-Rot
BL21 DE3	x		x		Novagen, Merck Biosciences, Bad Soden
BL21 DE3 RIL	x		x		Stratagene, Heidelberg
BL21 pLysS	x		x		
OP50					MPI für biophysikalische Chemie, Göttingen

2.2 Methoden

2.2.1 Molekularbiologische Methoden

2.2.1.1 Elektroporation (Retransformation)

Es wurde 1 µl DNA (0,3 – 1 µg) zu dem auf Eis aufgetauten Aliquot elektrisch kompetenter Zellen (Tabelle 2) gegeben und 2 min auf Eis inkubiert. Anschließend wurden die Zellen in eine Vorgekühlte Elektroporationsküvette (Peqlab) überführt und in den Elektroporator (Multiporator, Eppendorf) gestellt. Die Poration erfolgte bei 2500 V für 5 ms. Die transformierten *E.coli* Zellen wurden in 1 mL SOC- Medium überführt und bei 37 °C und etwa 500 rpm in einem Thermomixer regeneriert. Die Inkubation von 30 µl des Transformationsansatzes, unter sterilen Bedingungen auf eine Selektionsagar-Platte plattiert, erfolgte über Nacht bei 37 °C.

2.2.1.2 Chemische Transformation

Ein Aliquot (50µl) chemisch kompetenter *E. coli* Zellen (Top10 RbCl, Tabelle 2) wurde auf Eis aufgetaut und unter sterilen Bedingungen mit 5 µl DNA (Ligationsansatz, 2.2.1.6) versetzt, 60 min auf Eis inkubiert. Nach dieser Inkubationszeit erfolgte ein Hitzeschock der Zellen für 45s bei 37 °C im Heizblock wonach die Zellen umgehend zurück auf Eis gestellt wurden und dort für 2 min verblieben. Die Transformation wurde durch die Zugabe von 150 µl 37 °C warmem SOC-Medium und einer 30 minütigen Regeneration auf dem Thermomixer (Eppendorf) bei 37 °C und 750 rpm abgeschlossen. Die Ausplattierung erfolgte auf Selektionsagar-Platten, die über Nacht bei 37 °C inkubiert wurden.

2.2.1.3 Isolierung von Plasmid-DNA aus *E. coli*

Die transformierten Bakterien zur Plasmidpräparation wurden über Nacht in Flüssigmedium bei 37 °C und etwa 170 rpm angezogen und anschließend in einer Tischzentrifuge (Eppendorf, 5810R) für 10 min bei 4000 rpm geerntet. Die DNA Isolation erfolgte nach den Angaben der jeweiligen Hersteller der Präparationskits (Mini-Präparation, E.Z.N.A. Plasmid Mini-Kit I; OmegaBiotek, Midi- & Maxi-Präparation; Promega GmbH, Mannheim). Die Konzentration der gereinigten DNA wurde mit Hilfe eines Photometers (Lambda Bio, UV-VIS Spektrophotometer, Perkin Elmer) bestimmt. Die Messung erfolgte in Quarzküvetten (Quarzglas, Suprasil® Hellma, 100 µl) und TE-Puffer (Elutionspuffer E.Z.N.A. Plasmid Mini-Kit I).Die Extinktion wurde bei 260 nm und bei 280 nm gemessen und anschließend ein Quotient (Ratio) der Werte ermittelt. Bei sauberer DNA sollte dieser Wert zwischen 1,8 und 1,9 liegen. Nach unten abweichende Werte deuten auf Proteinverunreinigungen hin. Die DNA Konzentration ließ sich mit Hilfe des Extinktionswertes bei 260 nm wie folgt berechnen:

DNA-Konzentration (ng/µl) = Extinktion 260 nm · 50 ng/µl (dsDNA) · Verdünnungsfaktor (1:100)

Zu einer ersten Kontrolle der gereinigten Plasmid DNA wurde ein Restriktionsdoppelverdau mit denselben Enzymen, die zur Klonierung des Vektors verwendet wurden, angesetzt und mittels Agarosegelelektrophorese aufgetrennt. Zur Klonierung wurde ein präparatives Agarosegel angefertigt. Hier erfolgte die Ethidiumbromidfärbung direkt im Gel durch Zugabe von 3 µl Ethidiumbromid (10 mg/mL Fa. Roth) zur noch flüssigen Agarose. Eine Gelextraktion von DNA erfolgte mit dem Wizard® SV Gel and PCR Clean-Up System Kit (Promega). Hierfür wurde die gewünschte DNA-Bande im Agarosegel mit einem Skalpell ausgeschnitten und in ein 2 mL Reaktionsgefäß überführt. Die DNA Extraktion erfolgte nach den Angaben des Herstellers. Die Konzentrationsbestimmung der eluierten DNA wurde spektrophotometrisch bestimmt. Die abschließende Verifizierung des Konstruktes erfolgt durch eine Sequenzierung, die entweder von der Firma AGOWA in Berlin oder von dem Unternehmen eurofins MWG operon in Ebersberg durchgeführt wurden.

2.2.1.4 PCR

Zur DNA Amplifizierung wurde die PCR (*polymerase chain reaction*) angewendet. Die hierfür benötigten Primer wurden unter Berücksichtigung der gewünschten Schnittstellen C- und N-Terminal der kodierenden DNA entworfen und durch die Firma eurofins MWG operon, Ebersberg oder der Firma Invitrogen, Karlsruhe synthetisiert. Die Sequenzen der verwendeten

Material & Methoden

Primer finden sich im Anhang (7.4). Ein Beispiel zur Zusammensetzung einer Standard PCR Reaktion ist in Tabelle 3 zusammengestellt. Ein Standard PCR Programm in Tabelle 4. Eine Abwandlung dieser Methode findet sich in der gerichteten Mutagenese. Hierbei wurden zielgerichtet einzelne Punktmutationen in eine DNA Sequenz eingeführt. Die gewünschte Mutation findet sich im verwendeten Primer wieder und durch Amplifikation eines gesamten Plasmids, wird diese Mutation an die Tochterstränge weitergegeben. Zur Amplifikation von DNA Konstrukten zur Mutagenese, wurde die KapaHifi Polymerase der Firma Peqlab nach Herstellerangaben eingesetzt.

Tabelle 3: Zusammensetzung der PCR-Reaktion

	Konzentration der Stocklösung	Endkonzentration	Volumen für eine PCR-Reaktion
High fidelity Enzyme Mix Puffer (Fermentas)	10x	1x	5 µl
dNTPs (Fermentas)	10 mM	0,2 mM	4 µl
Primer forward	10 µM	1 µM	5 µl
Primer reverse	10 µM	1 µM	5 µl
DNA-Template	5-15 ng/µl	5-15 ng	1 µl
Polymerase	5 U/µl	0,05 U	0,5 µl
H20bidest			29,5 µl
Gesamtvolumen			50 µl

Tabelle 4: Standard-PCR-Programm:

Temperatur	Zeit	
95 °C	5 Minuten	
95 °C	30 Sekunden	
x °C	30 Sekunden	30 Zyklen
72 °C	90 Sekunden	
72 °C	10 Minuten	
4 °C	Pause	

2.2.1.5 Restriktionsverdau von DNA

Ansatz für die Testspaltung von Plasmid-DNA:

2µl DNA (0,5µg – 1µg), 1µl Enzympuffer, 0,5µl Enzym und 6,5µl H_2O_{bidest}

Der Ansatz wurde 1-2 Stunden bei 37 °C inkubiert, anschließend mit 3µl DNA-Ladepuffer versetzt und auf ein Agarosegel aufgetragen. Für die Klonierung wurde ein 50µl Restriktionsansatz hergestellt wie folgt:

3-5 µg DNA, 5 µl Enzympuffer, 1 µl Enzym, add 50 µl H_2O_{bidest}

Dieser Ansatz wurde für mindestens 3 Stunden bei 37 °C inkubiert, mit 8µl DNA-Ladepuffer versetzt und komplett auf ein präparatives Agarosegel aufgetragen.

2.2.1.6 DNA Ligation

Bei der spezifischen Verbindung der durch Restriktionsendonukleasen gespaltenen DNA wurde eine T4 Ligase (Fermentas) verwendet. Diese Ligase stammt aus dem T4 Phagen und knüpft eine Esterbindung zwischen einem Phosphatrest und einer Ribose des DNA Rückgrats sowohl an glatten DNA-Enden (*blunt ends*), als auch an 5`- oder 3`- Überhängen der DNA (*sticky ends*). Die T4 Ligase benötigt zur Katalyse der Reaktion Energie in Form von ATP.

Die Ligation wurde immer mit einem 1:5 Verhältnis von Vektor zu Insert berechnet. Zur Berechnung der einzusetzenden DNA wurde die folgende Formel verwendet.

$$\frac{\text{[Konzentration] Vektor} \cdot \text{[Größe] Insert} \cdot 5}{\text{[Größe] Vektor}} = \text{[Konzentration] des einzusetzenden Inserts}$$

Der Ligationsansatz (10 µl Endvolumen) wurde für 2-4 Stunden bei Raumtemperatur (RT) oder über Nacht (ÜN) bei 16°C inkubiert und danach in Top10 RbCl Zellen transformiert.

2.2.1.7 Nachweis DNA Leiter

Zum Nachweis apoptotischer DNA Fragmentation in Zellen wurde das „Apoptotic DNA Ladder Detection Kit I" der Firma Promokine verwendet. Die DNA Fragmentierung tritt in Zellen auf, die einen gerichteten Zelltod durchführen. Hierbei beginnt die DNA im Zellkern zu kondensieren und wird anschließend in definierte Fragmente von etwa 250 Basenpaaren abgebaut (Duke et al., 1983). In Zellen, die einen „zufälligen" Zelltod erfahren (Nekrose) findet dieser Prozess nicht statt, sodass mit Hilfe dieses Tests unterschieden werden kann, ob die analysierten Zellen einen programmierten Zelltod erfahren oder Anzeichen einer Nekrose aufweisen.

Hierzu wurden pro Ansatz $1\cdot10^5$ Cos7 Zellen in einer 6-well Platte ausgesetzt und anschließend mit den zu untersuchenden DNA Konstrukten transfiziert (Tabelle 7). 24 Stunden nach der Transfektion konnten die Zellen für die Positivkontrolle (nicht transfizierte Cos7 Zellen) mit 10 µM Staurosporin (Firma Biaffin) versetzt und weitere 4 Stunden bei 37 °C inkubiert werden. Anschließend erfolgte die Ernte der Zellen mit Hilfe von Trypsin und die Extraktion der nukleären DNA aus den Zellpellets mit Hilfe des „DNA ladder Kits" nach Herstellerangaben (Promokine). Die DNA wurde anschließend auf ein 1,2% Agarosegel (+ 10 µg/µl Ethidiumbromid) aufgetragen und bei 5 V pro cm Gel für etwa 2 Stunden aufgetrennt.

2.2.2 C. elegans Methoden

2.2.2.1 Anzucht auf Agarplatten

Zu Beginn der Arbeit mit *Caenorhabditis elegans* wurde der *E.coli* Stamm OP50 (siehe Tabelle 2) in LB-Flüssigkultur angezogen. Dieser Stamm dient als Standard-Nahrungsquelle für *C. elegans* Kulturen im Labor. Weiterhin sind „Nematode Growth Medium" Agarplatten (NGM, Zusammensetzung siehe Tabelle 5, 100 mm ⌀) zum anwachsen der Nematoden notwendig. Auf erkalteten NGM-Platten wurden 500 µl einer dicht angewachsenen *E.coli* OP50 Kultur ausplattiert. Wenn die Bakterien in Medium auf der Platte getrocknet waren, konnten die Platten bei 2 bis 3 Tage bei RT weiter inkubiert werden, um die Bakterien weiter wachsen zu lassen. Die Lagerung erfolgte bei 4 °C.

Die Nematoden wurden 2x pro Woche umgesetzt, das heißt von einer bereits dicht bewachsenen Platte wurde ein Stück Agar (ca. 1 x 1 cm) mit einem Skalpell ausgeschnitten und unter sterilen Bedingungen auf eine frische Platte überführt. Alternativ konnten auch einzelne Würmer eines gewünschten Entwicklungsstadiums mit einem „Picker" von der bewachsenen Platte aufgenommen und auf eine frische Platte umgesetzt werden. Der „Picker" wurde selbst angefertigt aus einer Pasteurpipette, in der ein Stück Platindraht mit Hilfe von etwas Kerzenwachs befestigt wurde. Die Spitze des Drahtes wurde etwas abgeflacht, um die Nematoden besser aufnehmen zu können.

2.2.2.2 *C. elegans* Flüssigkultur

Um eine *C. elegans* Mischpopulation in Flüssigmedium anzuziehen, wurden mehrere dicht bewachsene Agarplatten mit M9 Puffer (siehe Tabelle 5) gespült, in einem 50 mL Falcongefäß vereinigt und 2 min bei 700 x g zentrifugiert. Anschließend wurde der Überstand so weit wie möglich abgenommen und verworfen, das Falcongefäß erneut mit M9 Puffer aufgefüllt und anschließend zentrifugiert. Dieser Waschschritt wurde 2-3x wiederholt. Das erhaltene Nematodenpellet wurde (soweit nicht kontaminiert oder eine Population synchronisiert werden sollte) nun in dem bereits vorbereiteten S Medium (siehe Tabelle 5) resuspendiert und für ein bis zwei Tage bei 16°C wachsen gelassen. Nach spätestens zwei Tagen musste „Wurmfutter" nachgegeben werden, da die Population bei Nahrungsmangel in ein Dauerstadium eintritt. Durch die Sekretierung eines Signalpeptids wurde der Arrest der Kultur im Dauerstadium veranlasst. Erst nach Medienwechsel (Entfernung des Peptids) wachsen die Dauerlarven nach Zugabe von Futter neu an (mündliche Mitteilung von Frau Dr. M. Jedrusik-Bode).

2.2.2.3 *C. elegans* Flüssigkultur Ernte

Zur Ernte einer Flüssigkultur Nematoden wurden die Kolben eine Hauf Eis gestellt, damit sich die Population am Boden des Anzuchtkolbens absetzt und so viel wie möglich des Medienüberstandes entnommen werden kann. Die Mischpopulation der Nematoden wurde in ein 50 mL Falcongefäß überführt und für 2 min bei 700 x g zentrifugiert. Das erhaltene Pellet wurde dreimal mit M9 Puffer gewaschen und anschließend bis zur weiteren Verwendung bei -20°C gelagert.

2.2.2.4 Reinigen oder Synchronisieren einer Population

Wurde eine aktuelle Kultur durch Schimmelpilze, Hefen oder Ähnliches kontaminiert, war es möglich diese Kultur zu reinigen, indem man die Nematoden mittels Natriumhypochlorit behandelte. Dieses sogenannte Bleichen zerstört alle lebenden Organismen und setzte die Eier, die sich in den Adulten befanden, frei. Diese Eier wurden gewaschen und neu auf einer Platte oder in frischem Medium ausgesetzt.

Zunächst wurden die kontaminierten Kulturen geerntet und zweimal mit H_2O gewaschen. Das Pellet wurde in 10 mL Bleichlösung (8 mL H_2O, 1 mL 5 M NaOH, 1 mL Natriumhypochlorit (12% Fa. Roth) aufgenommen, 5 min geschwenkt und die anschließende Zugabe von 10 mL EGG-Puffer (siehe Tabelle 5) die Reaktion gestoppt hat. Die Lösung wurde 2 min bei 500 x g

Material & Methoden

zentrifugiert und der Überstand, welcher die Bleichlösung enthielt, verworfen. Die pelletierten Eier und der *C. elegans*-Debris weitere dreimal mit EGG-Puffer gewaschen und die Extraktion der Eier von dem Debris erfolgte mittels Saccharose-Dichtegradientenzentrifugation. Nach dem letzten Waschen (Überstand sollte klar sein) wurde der Überstand vorsichtig abgenommen und die Eier (im Pellet enthalten) in 2 mL sterilem EGG Puffer resuspendiert (vortexen). Anschließend erfolgte die Zugabe von 2 mL steriler 60 % Saccharose Lösung und die Suspension wurde gemischt (vortexen). Um die Eier von dem *C. elegans*-Debris zu trennen, wurde die Suspension nun für 5 min bei 500 x g zentrifugiert. Das Debris pelletiert, während die Eier auf der Oberfläche schwimmen sollten. Vorsichtig wurden die Eier aus der zuckerhaltigen Schicht abgenommen und in ein frisches Falcongefäß (15 mL) überführt. Nach weiteren drei Waschschritten mit EGG-Puffer sind die *C. elegans* Eier frei von Saccharoserückständen und konnten abschließend in S-Medium oder auf einer frischen Agarplatte ausgesetzt werden. Die Larven (L1) schlüpften über Nacht.

2.2.2.5 Einfrieren und Auftauen von *C. elegans* Stocks

Der Nematode *C. elegans* lässt sich in speziellem Einfriermedium (Tabelle 5) über längere Zeiträume bei -80°C lagern und bei Bedarf wieder auftauen und weiter kultivieren. Um eine Population einzufrieren wurden mindestens zwei dicht mit *C. elegans* bewachsene Agarplatten mit M9 Puffer abgespült und gewaschen. Anschließend wurde der Puffer bis auf etwa 1 mL von dem Nematodenpellet abgenommen und mit einem weiteren Milliliter Einfriermedium versetzt. Nachdem das Pellet vorsichtig resuspendiert wurde, überführte man jeweils 500 µl Aliquots der Nematodensuspension in Kryoröhrchen (Sarstedt) in den -80°C Gefrierschrank. Bei Bedarf konnte ein Aliquot der Nematoden aufgetaut und auf eine frische Agarplatte ausgesetzt werden. 24 Stunden nach dem Auftauen wurden die überlebenden Nematoden mit Hilfe des „Wurmpickers" umgesetzt und weiter vermehrt.

Tabelle 5: Zusammensetzung von Medien und Puffern im Zusammenhang mit der Kultivierung von *C. elegans*.

NGM Agar (1L)		
17 g	Agar	
3 g	NaCl	autoklavieren
2,5 g	Pepton	
1 mL	$CaCl_2$ [1 M]	
1 mL	$MgSO_4$ [1 M]	
25 mL	KPO_4 [1M]	108,3 g KH_2PO_4 (MW= 136,09 g/mol)

		35,6 g K$_2$HPO$_4$ (MW= 228,22 g/mol) in 1000 mL H$_2$O $\Longrightarrow$ autoklavieren
1 mL	Cholesterin (5 mg/mL)	in Ethanol
1 mL	Streptomycin (100 mg/mL)	
2,5 mL	Nystatin (1 mg/mL)	1 g Nystatin in 50 mL Ethanol + 50 mL Ammoniumacetat [57,81 g/ 100 mL H$_2$O]) steril filtrieren!

S-Medium

1 L	S Basal	
10 mL	Kaliumcitrat [1 M]	C$_6$H$_5$K$_3$O$_7$ · H$_2$O
10 mL	Spurenelemente	
3 mL	CaCl$_2$ [1 M]	
3 mL	MgSO$_4$ [1M]	
1 mL	Streptomycin (100 mg/mL)	
2 mL	Nystatin (1 mg/mL)	
10 mL	OP 50 („Wurmfutter")	1 L ÜN 37 °C *E.coli* Pellet resuspendiert in 50 mL S-Medium

M9 Puffer

3 g	KH$_2$PO$_4$	
6 g	Na$_2$HPO$_4$	
5 g	NaCl	
1 mL	MgSO$_4$ [1M]	add. 1 L mit H$_2$O und autoklavieren.

S-Basal (2 L)

11,6 g	NaCl	
100 mL	KH$_2$PO$_4$ [1 M] pH = 6	} autoklavieren
2 mL	Cholesterin (5 mg/mL)	

Spurenelemente

5 mM	Di-Natrium EDTA	
2,5 mM	Eisensulfat	FeSO$_4$ •7 H$_2$O
1 mM	Manganchlorid	MnCl$_2$•4 H$_2$O
1 mM	Zinksulfat	ZnSO$_4$ •7 H$_2$O
0,1 mM	Kupfersulfat	CuSO$_4$ •5 H$_2$O
		ad. 1 L mit H$_2$O und autoklavieren. Im Dunkeln lagern!

Material & Methoden

EGG-Puffer	(1 L)	
118 mM	NaCl	
48 mM	KCl	
2 mM	$CaCl_2 \cdot 2H_2O$	
2 mM	$MgCl_2 \cdot 6H_2O$	
25 mM	Hepes	pH = 7.3
	ad. 1 L mit H_2O und autoklavieren	

Einfriermedium		
1,46 g	NaCl	
1,79 g	KH_2PO_4	
75 g	Glyzerin	
1,4 mL	NaOH [1 M]	ad. 250 mL mit H_2O und autoklavieren

NSB-Puffer	(Nematode solubilisation buffer) 10 mL
0,3%	Ethanolamin
2 mM	EDTA
5 mM	DTT
½ Tabl.	Roche Protease inhibitor Mini

Protein Dye 2x (10 mL)	
0,5 mL	ddH2O
2,5 mL	Tris [0,5 M]
2 mL	Glycerin
4 mL	SDS (10 %)
5 mM	β-Mercaptoethanol
40 mg	Bromphenolblau

2.2.3 Zellbiologische Methoden

Zur Untersuchung der Interaktionen im $BRET^2$ System wurden für diese Arbeit A549, Cos7, F11 sowie PC12 und HEK293T Zellen verwendet.

Tabelle 6: Für des $BRET^2$ System getestete etablierte Zelllinien.

Zelllinie	Herkunft	Medium	Transfektion	Besonderheit
A549	human, Lungenkarzinom, epithel, ATCC Nr. CCL-185™	DMEM high glucose (4,5 g/L), with stable glutamine, + 10 % FCS Gold	Lipofectamine 2000	
Cos7	Grüne Meerkatze (Cercopithecus aethiops), Nieren-Fibroblasten, ATCC Nr. CRL-1651™	DMEM high glucose (4,5 g/L), with stable glutamine, + 10 % FCS Gold	PEI, Nanofectin	
F11	Maus	Nutrient Mixture F-	Lipofectamine	Zelllinie aus Ber-

	Neuroblastoma Zellen x Ratte Dorsale Wurzelganglienzellen (DRG), neuronal	12 Ham, high glucose, with stable glutamine, +15 % FCS, +1% Pen/Strep	2000	lin, MPI, AG Dr. T. Hucho, Collagen Beschichtung für BRET² Messungen notwendig.
HEK293 T	humane, embryonale Nierenzellen	DMEM high glucose (4,5 g/L), with stable glutamine, + 10 % FCS Gold	PEI	Zelllinie TU Braunschweig, AG Prof. S. Dübel
PC12	Ratte, Phäochromozytomzellen Nebennierenmark, ATCC Nr. CRL-1721™	DMEM high glucose (4,5 g/L), with stable glutamine, + 10 % FCS Gold + 5 % Horse serum	Nanofectin	Platten beschichten mit Collagen (rat, sterile, Fa. Roche nach Herstellerangaben Methode 1), andernfalls sind die Zellen nicht adhärent

In Tabelle 6 sind etablierte Zelllinien aufgeführt, deren Eignung für das BRET² System bereits getestet wurde. Ebenfalls enthalten sind Informationen zum Kultivieren der einzelnen Linien sowie erfolgreich angewandte Transfektionsreagenzien aufgeführt.

Die Zellen wurden in 75 cm² Zellkultur Flaschen (Sarstedt) bei 37 °C und 5 % CO_2 kultiviert. 500 mL Medium (Dulbecco´s Modified Eagle Medium (DMEM)) wurden mit 50 mL fötalem Kälberserum (Fetal Calf Serum Gold, FCS, 10 % Endkonzentration, PAA Laboratories) versetzt und zur Kultivierung der Zellen verwendet. Ein Passagieren der adhärent wachsenden Zellen wurde 2x pro Woche durchgeführt.

2.2.3.1 Passagieren von eukaryotischen Zellen

Das Medium wurde mit einer serologischen Pipette (Sarstedt) und Pipettierhilfe (accu-jet®, Brand, Wertheim) von den konfluent gewachsenen Zellen abgenommen. Nach zweimaligem Waschen der Zellen mit 1x PBS Puffer ((pH 7,4), 137 mM NaCl, 2,7 mM KCl, 4,3 mM Na_2HPO_4, 1,47 mM KH_2PO_4) wurden sie mit 1-2 mL Trypsin EDTA (PAA Laboratories) versetzt und 5-15 min bei 37 °C trypsiniert. Die Reaktion konnte durch Zugabe von 3-5 mL DMEM + 10 % FCS gestoppt werden, wenn sich alle Zellen von der Flaschenoberfläche ge-

Material & Methoden

löst hatten. In einer Neubauer Zählkammer wurden die Zellen anschließend gezählt und etwa $1\cdot10^6$ Zellen in 25 mL DMEM + 10 % FCS danach eine neue 75 cm² Flasche überführt.

2.2.3.2 Transiente Transfektion

Bei der transienten Transfektion von Cos7 Zellen wurde das Transfektionsreagenz Polyethylenimine (**PEI**, linear, 25 kDa der Firma Polysciences, Warrington, PA, USA) verwendet. Hierzu wurde eine 1 mg/mL Stocklösung des Feststoffs PEI in H_2O bidest angesetzt und erwärmt, da PEI andernfalls sehr schlecht löslich ist. Die fertige Stocklösung wurde mit HCl neutralisiert, abschließend sterilfiltriert und aliquotiert. Die Lagerung erfolgte bei -80 °C.

Zur Messung des BRET²-Assays wurden in einer 96-well-Platte (nunc, *F96 MicroWell™ Plates*, Wiesbaden) einen Tag vor der Transfektion $2\cdot10^4$ Zellen in 150 µl DMEM + 10 % FCS pro well ausgesät. Zur Transfektion konnte ausschließlich hochreine DNA verwendet werden. Diese wurde in 10 µl serumfreiem DMEM aufgenommen und mit 1 µl PEI in 10 µl serumfreiem DMEM versetzt. Zur Bildung der DNA-PEI-Komplexe wurden die Komponenten gut vermischt und mindestens 15 min bei RT inkubiert. Anschließend wurde das Medium von den Zellen in der Mikrotiterplatte entfernt, zu dem Transfektionsmix (PEI + DNA) 130 µl DMEM + 10 % FCS gegeben und diese nun insgesamt 150 µl Gesamtvolumen langsam auf die Zellen pipettiert. Die Proteinexpression erfolgte 24 - 48 h bei 37 °C und 5 % CO_2. Für jede zu messende Interaktion wurden 3 bis 6 Vertiefungen mit derselben DNA Kombination transfiziert.

Für Western Blot (2.2.4.2) Analysen wurden die Zellen nach der BRET² Messung in 40 µl SDS-Probenpuffer aufgenommen, aufgekocht (105 °C, 10 min) und anschließend 2 min bei 13000 rpm zentrifugiert und auf ein SDS-Polyacrylamidgel aufgetragen.

2.2.3.2.1 Transiente Transfektion von 6-well Platten

Zur Visualisierung der überexprimierten GFP²- und RLuc- Fusionsproteine wurden transient transfizierte Zellen für die konfokale Lasermikroskopie (0) präpariert. Zu diesem Zweck wurden runde Deckgläschen in 3,7 % HCl für mindestens 1 h auf dem Schüttler bei RT inkubiert, in 1x PBS gewaschen und jeweils eins in eine Vertiefung einer 6-well Platte gelegt. Um Zellen möglichst einzeln mikroskopieren zu können, wurden pro Loch $1\cdot10^4$ Zellen in 2 mL DMEM + FCS ausgesät und am darauf folgenden Tag mit dem Transfektionsreagenz PEI transfiziert. Der Transfektionsansatz mit PEI erfolgte in Polystyrolplatten keinesfalls in Poly-

Material & Methoden

propylengefäßen (PP), da sich das PEI in PP direkt an die Gefäßwände lagert und anschließend keine funktionellen DNA/PEI Komplexe mehr gebildet werden konnten (mündliche Mitteilung von T. Rülker, AG Prof. Dübel, TU Braunschweig).

Für die Transfektion mit PEI wurden einmal DNA in DMEM und einmal PEI in DMEM aufgenommen (nach Tabelle 7), gut vermischt und zusammengegeben. Nach nochmaligem Mischen wird der DNA-PEI-Komplex während einer 15-minütigen Inkubation bei RT gebildet. Anschließend wurde das Gemisch tropfenweise zu den Zellen gegeben. Die Platte vorsichtig schwenken und 24 – 48 h bei 37 °C inkubieren.

Tabelle 7: Zusammensetzung der transienten Transfektionsreagenzien in unterschiedlichen Kulturgrößen.

Kulturfläche	96 well	6 well	75 cm² (=100 mm⌀)	175 cm²
Zelldichte	$2 \cdot 10^4$	$1 \cdot 10^5$	$4 \cdot 10^6$	$1 \cdot 10^7$
DNA [µg] / DMEM [µl]	0,2 / 10	2,5 / 150	10 / 400	25 / 1000
PEI [1 mg/mL] µl / DMEM [µl]	1 / 9	20 / 130	80 / 400	200 / 800

2.2.3.3 Produktion rekombinanter Antikörper in HEK293T

In Kooperation mit der Abteilung Biochemie und Biotechnologie der TU Braunschweig wurden im Rahmen eines EU Projektes rekombinante Antikörper gegen verschiedene Untereinheiten der humanen Proteinkinase A mittels *Phage-Display* generiert (Kirsch et al., 2008). Um diese neuen Binder im Western Blot auf ihre Spezifität und Funktionalität zu analysieren, wurden die generierten Antikörperkonstrukte zunächst in HEK293T transient transfiziert (2.2.3.2). Die transfizierten Zellen (PEI Transfektionseffizienz etwa 90 %) sekretierten die produzierten Antikörperkonstrukte in das umgebende Medium, sodass dieses von den Zellen abgenommen und ausgetauscht werden konnte und die „Ernte" der Antiköper über mehrere Tage erlaubte.

Die Aussaat und Transfektion der Zellen erfolgte in 100 mm ⌀ Petrischalen nach Tabelle 7. 16-24 Stunden nach der Transfektion wurde das Medium (DMEM + 10 % FCS Gold) getauscht gegen DMEM + 10 % FCS IgG stripped (PAA), um die sekretierten Antikörper nicht mit den im FCS Gold vorhandenen bovinen Antikörpern zu kontaminieren, da diese eine spätere Reinigung der produzierten Antikörper mittels Protein A Agarose nicht erlauben würden.

Material & Methoden

2.2.3.4 Immunfluoreszenzfärbung

Mit Hilfe der Immunfluoreszenz können intrazelluläre Strukturen (Proteine) mittels Antikörpern detektiert werden. Finden diese Antikörper ihr Zielprotein in 3,6 % Formaldehyd-fixierten Zellen, werden diese Antikörper von einem zweiten Antikörper detektiert, der gegen den konservierten Fc-Teil des ersten Antikörpers gerichtet ist. Zur anschließenden Detektion im Fluoreszenzmikroskop ist der zweite Antikörper mit einem Fluorophor konjugiert. Bei entsprechender Wellenlänge kann das Fluorophor dargestellt werden. Verwendet wurden die in Tabelle 8 aufgelisteten sekundären Antikörper zusammen mit den in Tabelle 10 aufgeführten primären Antikörpern.

Tabelle 8: Zur Immunfluoreszenz verwendete Sekundärantikörper.

Antikörper	bezogen von	Verwendung	Abs.
Maus-Cy3 Konjugat (Indocarbocyanine)	Universität Kassel, AG Zellbiologie, Prof. M. Maniak	1:1000 in Antibody Puffer	Ex. 550 nm Em. 570 nm
Rabbit-Cy3 Konjugat			
Rabbit-Oregon Green	MPI Berlin, AG Hucho		Ex. 488 nm Em. 521 nm

Zur Präparation wurden die transient transfizierten Zellen auf runden Deckgläschen verwendet (2.2.3.2.1). Die Fixation der Zellen erfolgte zunächst in 3,6 % Formaldehyd (36 % Stock, Fa. Roth), anschließend folgte die Permeabilisierung für 10 min mit 200 µl 0,2 % TritonX-100 in 1x PBS. Danach wurden die Zellen für 10 min mit 5 % BSA-Lösung + 0,2 % TritonX-100 oder alternativ mit 5 % Sekundärantikörperserum geblockt (Absättigen der freien Oberflächen). Die Inkubation der Zellen mit dem Erstantikörper (1:1000 in 0,2 % TritonX-100 + 1 % BSA in 1x PBS) erfolgte für mindestens eine Stunde bei Raumtemperatur oder über Nacht bei 4 °C. Bevor der Sekundärantikörper auf die Präparate gegeben werden konnte, wurden die Präparate 3x mit 1x PBS gewaschen. Der Sekundärantikörper Anti-Maus Cy3 Konjugat (AG Zellbiologie, Prof. Maniak) wurde in einer 1:1000 Verdünnung in 0,2 % TritonX-100 + 1 % BSA in 1x PBS verwendet und für eine Hauf den Zellen belassen. Anschließend folgten drei Waschschritte mit 1x PBS und eine zweite Fixation mit 3,7 % Paraformaldehyd. Zur Entfernung aller Fixationsmittelrückstände wurden die Zellen einem letzten Waschschritt unterzogen und in trockenem Zustand auf ein mit einem Tropfen „ProLong® Gold antifade reagent with DAPI" (Invitrogen) versehenen Objektträger überführt. Die nun fast fertigen Präparate trockneten für 2 h bei 37 °C vollständig und konnten anschließend bei -20 °C gelagert werden.

Die Bilder wurden unter einem konfokalen Laser Scanning Mikroskop (Leica DM 6000 CS + TCS SP5 II, Universität Kassel, Abt. Tierphysiologie, Prof. M. Stengl) analysiert und mit der Bedienungssoftware Leica Application Suite Advanced Fluorescence 2.2.1 bearbeitet. Das Fluorophor GFP[2] wurde mit einem Argon-Laser der Wellenlänge 488 nm angeregt, sowie Cy3 mit einem HeNe-Laser (Helium-Neon) der Wellenlänge 543 nm. Der Farbstoff DAPI wurde mit dem Diodenlaser bei 405 nm abgebildet.

2.2.4 Proteinbiochemische Methoden

2.2.4.1 SDS- Polyacrylamid- Gelelektrophorese

Die Auftrennung von Proteinen nach deren Molekülgröße erfolgte nach dem Lämmli-System unter denaturierenden Bedingungen durch SDS-Polyacrylamid-Gelelektrophorese (SDS-PAGE)(Laemmli, 1970). Für die Elektrophorese wurden 12 %ige Trenngele, überschichtet von 6 %igen Sammelgelen verwendet (Tabelle 9). Die auspolymerisierten Gele wurden in eine mit 1x Laufpuffer gefüllten BioRad Mini oder peqlab PerfectBlue TwinS Apparatur eingespannt und je nach Versuch zwischen 10 µl und 15 µl Probe aufgetragen. Als Proteinmarker standen die Spectra™ Multicolor Broad Range Protein Ladder, die PageRuler™ Plus Prestained Protein Ladder und die PageRuler™ Unstained Protein Ladder (alle Fermentas) zur Verfügung.

Alle Proben wurden mit SDS-Probenpuffer versetzt und für 10 min bei 105 °C in einem Heizblock denaturiert. Das dem Puffer zugesetzte β-Mercaptoethanol reduziert Disulfidbrücken in den Proteinen und das SDS verhindert zum einen Protein-Protein Wechselwirkungen und zum anderen maskiert es die Eigenladungen der Proteine, sodass diese nach dem Denaturieren ausschließlich nach Größenunterschieden im Gel aufgetrennt werden. Bevor die Proben auf das Gel aufgetragen werden können, mussten diese für eine Minute bei 15000 xg zentrifugiert werden. Die Auftrennung fand bei 30 mA pro Gel für 45-60 min statt (Power Pac 3000, Biorad). Eine Färbung des Gels war nicht notwendig, da die Gele zum Western Blotting (2.2.4.2) weiter verwendet wurden.

Tabelle 9: Stocklösungen und Mischungsverhältnisse für die Herstellung eines 12% Gels.

Stocklösung	Trenngel [mL]	Sammelgel [mL]
H_2O_{bidest}	1,6	0,680
Acrylamidlösung (Rotiphorese® NF-Acrylamid/Bis –Lösung 30 % (29:1), Roth)	2,0	0,170
1,5 M Tris (pH 8,8)	1,3	-
1 M Tris (pH 6,8)	-	0,130
10 % (v/v) SDS (Roth)	0,050	0,010
10 % (v/v) Ammoniumpersulfat (APS, ICN Biomedicals, Inc.)	0,050	0,010
N, N, N' N'- Tetramethylethylendiamin (TE-MED, Serva)	0,002	0,001
Gesamtvolumen	~ 5	~ 1

2x SDS-Probenpuffer: 20 mM Tris-HCl (pH 6,8), 10 % (v/v) SDS, 20 % (v/v) Glycerin, 0,001 % (w/v) Bromphenolblau, 10 % β-Mercaptoethanol

Stocklösung Laufpuffer (10x): 25 mM Tris-HCl (pH 8,3), 192 mM Glycin, 0,1 % (v/v) SDS

2.2.4.2 Western Blot

Das Western Blotting oder auch Immunoblotting ist ein Verfahren um sehr geringe Mengen oder spezifisch ein Protein aus zum Beispiel Zelllysaten oder Gewebehomogenaten qualitativ und ansatzweise auch quantitativ zu identifizieren. Das Proteingemisch wird über eine SDS-PAGE aufgetrennt und in einer Blot-Kammer mit Hilfe von Strom auf eine Membran PVDF-Membran (Roth) überführt (geblottet). Die Membran wird mit einer Milchpulver-Lösung blockiert (5 % TBST-M, mind. 1 h RT oder ÜN 4 °C rotierend inkubieren), sodass alle noch nicht mit Protein besetzten Flächen für den Antikörper maskiert sind. Durch Zugabe des Primärantikörpers (1 % TBST-M, mind. 1 h RT oder ÜN 4 °C rotierend inkubieren) bindet der Antikörper an ein spezifisches Epitop des Zielproteins. Der Primärantikörper wird wiederum von einem Sekundärantikörper detektiert. Der Sekundärantikörper ist mit einem Reportersystem (HRP, *horse radish peroxidase*, 1 % TBST-M für max. 1 h RT) konjugiert, der eine Detektion mittels Chemilumineszenz ermöglicht.

In einer Dunkelkammer wurde ein Photofilm ECL (Amersham Pharmacia, Freiburg) auf die Membran gelegt, der die chemilumineszente Strahlung detektierte. In Abhängigkeit von der

Menge der gebundenen Antikörper und damit der Anwesenheit einer Peroxidase wurde die Umsetzung von Luminol in Gegenwart von H_2O_2 sehr sensitiv nachgewiesen (Western Lightning™ Chemilumineszenz-Reagenz, PerkinElmer Life Sciences, Inc.). Abschließend wurde der Film entwickelt und fixiert. Die Detektion unterschiedlich starker Signale erlaubt keine Rückschlüsse auf die Proteinmenge, die sich auf der Blotmembran befinden. Diese Unterschiede können auf unterschiedliche Proteinmengen auf dem SDS-PAGE-Gel oder auch auf unterschiedliche Proteinmengen, die beim Blotvorgang vom Gel auf die Membran übertragen wurden, zurückzuführen sein.

Blotpuffer: 20 % Methanol, 25mM Tris, 192mM Glycin, 0,1% (v/v) SDS

Stocklösung TBS-T (10x): 200 mM Tris-HCl (pH 7,5), 140 mM NaCl, 1 % (v/v) Tween-20

Tabelle 10: Verwendete Primärantikörper

Bezeichnung	Verwendung, Hersteller
Anti-GFP	IgG1 Maus, monoklonal, verdünnt 1:7 in TBST-M (1%), Prof. Maniak, Universität Kassel
Anti- Renilla Luciferase	IgG1 Maus, monoklonal, verdünnt 1:1000, in TBST-M (1%), Klon 5B11.2, Fa. Millipore
Anti- RACK1 (H-187): sc-10775	IgG Kaninchen, polyklonal, verdünnt 1:1000 in TBST-M (1%), gerichtet gegen AS 131-317 im C-Terminus des humanen Proteins, Fa. Santa Cruz
PKA Iβ reg (QR-7): sc-100414	IgG Maus, monoklonal, verdünnt 1:1000 in TBST-M (1%), gerichtet gegen rekombinante hPKA Iβ
Anti humane PKA RIβ	IgG1 human, rekombinant aus HEK293T Zellen, unverdünnt eingesetzt, Klon pCMV2.5-hIgG1-Fc-SH476-IIIE4 HAT.

Tabelle 11: Verwendete Sekundärantikörper, HRP konjugiert

Bezeichnung	Verwendung, Hersteller
Anti-Maus IgG HRP	Sigma A 9044, IgG Kaninchen, Verdünnung 1:4000 in TBST-M (1%)
Anti-Kaninchen HRP	Amersham NA 9340, Esel F(ab`)2- Fragment, Verdünnung 1:10 000 in TBST-M (1%)
Anti-human IgG Fc HRP	Sigma Aldrich, A 0170, polyclonal, IgG Ziege, Verdünnung 1:10.000 in TBST-M (1%)

2.2.4.3 Präparation der kin2 sowie hRIβ und hRIβ–Mutanten mit Sp-8-AEA-cAMPS und 8-AHA-cAMP

Lysepuffer	Waschpuffer	Elutionspuffer
20 mM MOPS 150 mM NaCl 2 mM EDTA 2 mM EGTA 1 mM β-ME + Proteaseinhibitor (Roche mini, EDTA free)	20 mM MOPS 100 mM NaCl 1 mM β-ME	10 mM cGMP 20 mL in Lysepuffer, pH!

Die Zellpellets wurden jeweils in 15 mL Lysepuffer resuspendiert und die erhaltene Suspension ca. 10x auf Eis homogenisiert. Die Lyse der *E. coli* Suspension erfolgte mittels FrenchPress (3 Zyklen) und das gewonnene Lysat bei 15.000 x g bei 4 °C für 30 min zentrifugiert. Während der Zentrifugation wurden jeweils 150 µl der cAMP-Agarosen in Lysepuffer equilibriert (zentrifugiert bei 500 x g und 4 °C).

Der Überstand aus der Zentrifugation des *E. coli* Lysats wurde auf equilibrierte Agarosen gegeben und Falcons im Kühlraum auf Rollinkubator (Incudrive, Biaffin-Rad) etwa 2 h inkubiert.

Nach Inkubation wurden die Agarosen bei 500 x g und 4 °C für 2 min abzentrifugiert und der Überstand bis auf 1 mL vorsichtig abgenommen und verworfen. Die Agarose wurde nun 3x mit 13 mL Waschpuffer gewaschen und schließlich in ein neues 1,5 mL Reaktionsgefäß überführt. Zur Elution wurde die Agarose nun mit 1,3 mL cGMP Elutionspuffer bei 4 °C 1 h rollend inkubiert. Nach der Inkubation wurde der Überstand der Agarose in ein neues 1,5 mL Reaktionsgefäß überführt und eine zweite Elution des Proteins mit weiteren 1,3 mL Elutionspuffer bei 5 min RT durchgeführt. Auch die zweite Elution wurde aufbewahrt und gegebenenfalls (wenn Protein enthaltend) nach der SDS-PAGE zusammen mit Elution 1 über Nacht in 1x NaMOPS dialysiert. Eine Ankonzentration des Proteins nach der Dialyse erfolgte mittels Centricon Röhrchen (Millipore) nach Herstellerangaben.

Die Lagerung des Proteins erfolgte in 50 µl Aliquots bei -20°C. Da sich herausstellte, dass das Protein kin2 nach zweimaligem Auftauen und Einfrieren nicht mehr aktiv war, wurden hier teilweise auch 20 µl Aliquots angefertigt und aufbewahrt.

2.2.4.4 Reinigung von RGS-HisRACK1 via TALON® Agarose:

Lysepuffer:	Waschpuffer:	Elutionspuffer:
50 mM Na PO$_3$ pH 8	50 mM Na PO$_3$ pH 8	50 mM Na PO$_3$ pH 8
300 mM NaCl	300 mM NaCl	300 mM NaCl
5 mM β-ME	5 mM β-ME	5 mM β-ME
Frisch zugeben: Protease inhibitor (Roche)	10 mM Imidazol	50-300 mM Imidazol

Alle benötigten Materialien und Geräte mussten gekühlt zu verwendet werden. Das „Handling" des Proteins erfolgte auf Eis. Ein etwa 3-5 g Bakterienpellet aus einer 1 L *E. coli* BL21 DE3 RIL Expressionskultur (Induktion bei einer optischen Dichte (OD) 0,4 -0,6 mit 0,4 µM IPTG, Expression ÜN bei RT) wurde auf Eis aufgetaut und mit 15 mL Lysepuffer (s.o.) versetzt. Nach Homogenisation der Bakterienkultur wurden die Zellen mittels einer FrenchPress lysiert (3 Zyklen) und anschließend für 30 min bei 15.000 x g und 4 °C zentrifugiert. Während der Zentrifugation wurde 1 mL TALON® Agarose mit 14 mL Waschpuffer 2x gewaschen (zentrifugiert bei 800 x g und 4 °C). Der Überstand des *E. coli* Lysats nach Zentrifugieren wurde auf die äquilibrierte Agarose gegeben und diese für 1 h bei 4 °C rollend inkubiert. Nach der Inkubationszeit wurde die Agarose zentrifugiert, der Überstand verworfen und die Agarose 3x mit 14 mL Waschpuffer gewaschen.

Die Elution des Proteins erfolgte in mehreren Fraktionen. Hierzu wurden zu dem Elutionspuffer unterschiedliche Konzentrationen Imidazol zugesetzt (50 – 300 mM) und zu jeder Elution jeweils 1,5 mL Puffer zu der Agarose gegeben, die zuvor mit dem letzten Waschschritt in ein neues 1,5 mL Reaktionsgefäß überführt wurde. Die Elutionen wurden jeweils 10 min rollend bei 4 °C durchgeführt, anschließend zentrifugiert und der Überstand vorsichtig abgenommen und in ein weiteres Reaktionsgefäß überführt. Nach der Anfertigung einer SDS-PAGE wurden die Elutionsfraktionen, in denen das gewünschte Protein enthalten war, vereinigt und über Nacht in 1x NaMOPS Puffer dialysiert. Die Lagerung des Proteins erfolgte in 50 µl Aliquots bei -20 °C.

Die Elutionsschritte, die das sauberste Protein (je 1 mL) zeigten, wurden gepoolt und ÜN dialysiert in 1x NaMOPS.

Material & Methoden

2.2.5 cAMP Affinitätschromatographie („*pulldown*") aus Zelllysaten

2.2.5.1 Affinitätschromatographie mit cAMP-Analoga und Proteinidentifikation

Zur Identifizierung potenzieller neuer AKAP Proteine aus dem Modellorganismus *C. elegans* wurden die Nematoden in größeren Mengen in Flüssigkulturen (2.2.2.2) angezogen und in etwa 15 g Pellets bei -20°C bis zur weiteren Verwendung aufbewahrt.

Lysepuffer		Waschpuffer	
20 mM	HEPES, pH 7.6	20 mM	HEPES, pH 7.6
100 mM	KCl	100 mM	KCl
1.5 mM	$MgCl_2$	1.5 mM	$MgCl_2$
1 mM	DTT	1 mM	DTT
2x EDTA-free proteinase inhibitors cocktail (Roche)			
0,5 %	NP-40		
0,5 %	CHAPS		

C. elegans besitzt eine Kutikula, die die homogene Lyse der Mischpopulationen nicht trivial gestaltet. Nach diversen Versuchen zur optimalen und reproduzierbaren Lyse der Nematoden wurden schließlich 15 g Ausgangsmaterial (Nematodenpellet) eingesetzt und zunächst in flüssigem Stickstoff eingefroren, um diese anschließend mit einem Mörser zu pulverisieren. Das entstandene Pulver wurde in Lysepuffer resuspendiert und abschließend mittels Ultraschall (3x 30s) einem weiteren Lyseschritt unterzogen. Unter einem Binokular wurde der Fortschritt der Lyse verfolgt. Das *C. elegans* Lysat wurde nun zunächst für 10 min bei 1.500 x g bei 4 °C zentrifugiert.

Es ist sowohl bei der Lyse als auch bei der Anzucht der Population möglich gewesen, dass die verwendeten Lysate nicht immer 100 % identisch sind. Ursächlich dafür könnte sein, dass einmal mehr adulte Nematoden als Larven und/oder Eier verwendet wurden und umgekehrt.

Parallel zu *C. elegans* Lysat wurde der PD mit F11 Zelllysat durchgeführt. In diesem Ansatz wurden $2 \cdot 10^7$ F11 Zellen nach der Ernte bei -20°C gelagert und zur Verwendung in Lysepuffer aufgenommen. Die aufgetauten Zellen wurden auf Trockeneis 2-3x eingefroren und wieder aufgetaut, um die Zellen zu lysieren. Abschließend wurde das Lysat durch eine Kanüle mehrfach aufgenommen und wieder entlassen, bevor der Zelldebris des *C. elegans*- sowie des F11-Lysats 10 min bei 15.000 x g zentrifugiert wurden. Während der Zentrifugation wurde pro PD Ansatz 150 µl cAMP Agarose in Lysepuffer äquilibriert, das heißt die Agarose wurde 3x in 10 mL Puffer gewaschen und bei 250 x g für 2 min zentrifugiert.

Material & Methoden

Der erhaltene Überstand wurde mit der rekombinanten R-UE an Agarose gebunden, inkubiert (rollend, 4 h bei 4 °C) und nach einigen Waschschritten durch abkochen in SDS-Probenpuffer eluiert (50 µl der Agarose wurden mit 50 µl Protein Dye) und auf ein 12% PAA-Gel aufgetragen und anschließend geblottet (2.2.4.2) oder für die Analyse mittels ESI-MS vorbereitet.

2.2.5.2 Probenvorbereitung zur Analyse mittels LC-ESI MS („In-Gel Verdau")

Das nach dem PD Experiment angefertigte SDS-Polyacrylamidgel wurde langsam in Coomassie Färbelösung gegeben. Die Banden der Elutionsspur (siehe Abbildung 19) wurden mit Hilfe eines Stempels in 16 gleichmäßige Gelstücke gestanzt und jedes Stück einzeln in ein Reaktionsgefäß (siehe Abbildung 6) überführt. Die Reaktionsgefäße wurden mit den Gelstücken 5 min bei höchster Geschwindigkeit zentrifugiert und danach für den Trypsinverdau in den Silikatglasröhrchen belassen. Hierzu wurden die Gelstücke mit 20 µl Trypsin (10 ng/µl in 50 mM Ammoniumcarbonat Puffer; Promega) überschichtet und das Glasgefäß mit einem Stopfen verschlossen. Die Glasgefäße in 2 mL Reaktionsgefäßen, wurden im Anschluss mindestens 60 min bei 50°C schüttelnd inkubiert und anschließend für 2 min bei 15.000 x g zentrifugiert. Mit einer ausgezogenen Pipettenspitze konnte so viel des Überstandes wie möglich in ein Kunstoffröhrchen für die Massenspektrometrie überführt werden. Abschließend erfolgte die Zugabe von 30-50 µl Ameisensäure (0,3% v/v) und die Aufbewahrung der Proben bei -20°C bis zur Analyse.

Die Daten der Analyse wurden gegen die zu dem Zeitpunkt aktuelle, *C. elegans* Datenbank „*wormbase relaese* WS204", und dem Software Programm Mascot identifiziert. Die Auswertung der Daten erfolgte manuell mit Hilfe von Mircosoft Office Excel 2007.

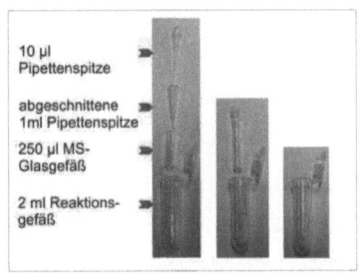

Abbildung 6 Aufbau der Reaktionsgefäße für den Protein-in-Gel-Verdau (nach Skript Grundpraktikum Massenspektrometrie, Bertinetti, 2006, Unversität Kassel, Abteilung Biochemie)

Material & Methoden

2.2.5.3 Cook-Assay

Um die spezifische Aktivität der rekombinant gereinigten Proteine zu bestimmen, wurde ein gekoppelter enzymatischer Test verwendet. Hierbei lässt sich die Substratumsetzung der Cα in einer 1:1 Stöchiometrie verfolgen. Im letzten der drei gekoppelten Schritte wird hierbei NADH+H$^+$ zu NAD$^+$ oxidiert. Die Änderung der Absorption von 340 nm (NADH+H$^+$) zu 260 nm (NAD$^+$) lässt sich spektrophotometrisch verfolgen.

Assay-Mix:

100 mM	MOPS-Puffer, pH 7,0
10 mM	MgCl$_2$
1 mM	Phosphoenolpyruvat
1 mM	ATP
0,2 mM	NADH (7,6 mg/mL)
8,4 U/mL	Pyruvatkinase (2000 U/mL)
15 U/mL	Lactatdehydrogenase (2750 U/mL)
5 mM	β-Mercaptoethanol
0,05 %	Tween-20

Zur Bestimmung der Konzentration der aktiven R-UE wurde zunächst rekombinante mCα (20 µM; ca. 25 U/mg) mit 1 mg/mL bovinem Serumalbumin und 1 mM β-Mercaptoethanol versetzt, um diese zu aktivieren. Die regulatorische Untereinheit wurde mikroliterweise zu der konstanten Menge katalytischer Untereinheit in 100 µl Cook-Assay in eine 100 µl Quarzküvette gegeben.

Nachdem die R-UE und die C-UE in der Küvette innerhalb von 2 min ein Holoenzym gebildet hatten, wurde 1 µl Kemptide als Cα Substrat zugegeben und die Reaktion damit gestartet und im Photometer vermessen.

Probenzusammensetzung: 100 µl Cook-Assay
　　　　　　　　　　　　　　1 µl mCα (20 nM)
　　　　　　　　　　　　　　x µl kin2
　　　　　　　　　　　　　　1 µl Kemptide

Für die Aktivierung des Holoenzyms bestehend aus Cα und R-UE werden die vorher bestimmten Stoffmengen der Proteine 1:1 in 2 mL Cook-Assay gemischt und ein Holoenzym gebildet. Anschließend wurden zu den 100 µl Cook-Assay, die bereits das PKA Holoenzym enthielten, 1 µl einer cAMP Verdünnungsreihe (100 µM bis 1 nM) sowie 1 µl Kemptide als PKA Substrat zugegeben und die Probe vermessen.

2.2.5.4 Co-Immunpräzipitation

Zur Verifizierung der im BRET System erhaltenen Interaktionsdaten wurden für Proteine, die sich im *E. coli* Expressionssystem nicht im größeren Maßstab exprimieren und reinigen lassen, Immunpräzipitationsversuche durchgeführt. Eine Co-Immunpräzipitation (Co-IP) wurde mit $1 \cdot 10^7 - 1 \cdot 10^8$ eukaryotischen Zellen durchgeführt. Die verwendeten Zellen wurden in 175 cm² Zellkulturflaschen (Sarstedt) ausgesetzt und bei Bedarf 24 Stunden später transient transfiziert (siehe Kapitel 2.2.3.2). Fusionsproteine in der Zellkultur wurden, wenn nicht anders beschrieben, 24 Stunden bei 37 °C und 5 % CO_2 exprimiert. Die Ernte der Zellen erfolgte mittels Trypsinierung. Die abgelösten Zellen wurden bei ca. 500 x g zentrifugiert, pelletiert und bis zur weiteren Verwendung bei -20 °C aufbewahrt. Zur Lyse wurden meist MES (Lysepuffer I) oder vereinzelt auch PBS Puffer (Lysepuffer III) verwendet (Tabelle 12).

Eine Co-IP, bei der Protein A Dynabeads® der Firma Invitrogen verwendet wurden, konnten unterschiedliche Antikörper (Tabelle 14) eingesetzt werden. Im Allgemeinen fand das Protokoll des Herstellers Anwendung.

Zunächst wurden pro Versuchsansatz 25 µl Protein A Dynabeads® mit Puffer äquilibriert und anschließend mit etwa 1 µg Antikörper versetzt. Die Bindung der Antikörper an die Beads erfolgte für 10 min bei Raumtemperatur rollend. Nachfolgend konnten die Reaktionsgefäße auf dem für die Dynabeads® notwendigen Magneten platziert werden, um den Überstand mit nicht gebundenem Antikörper abzunehmen. Nun wurde das Zelllysat auf die magnetischen Beads gegeben. Die zu testenden Interaktionspartner wurden in den eukaryotischen Zellen entweder koexprimiert oder enthielten einen Interaktionspartner aus eukaryotischem Expressionssystem und der zweite wurde aus rekombinanter Expression zugesetzt. Als Kontrollansatz wurden Protein A Dynabeads® ohne zuvor gebundenen Antikörper eingesetzt. Das Lysat wurde mindestens 1 h bis maximal 4 h bei 4 °C rollend mit den Beads inkubiert und anschließend 3- bis 5-mal mit Puffer gewaschen. Die Beads wurden mit 100 µl Elutionspuffer 7 min bei RT und 1000 rpm schüttelnd inkubiert und abnehmen der Elution mit 50 µl Protein Dye versetzt. In den folgenden SDS-PAGE Versuchen wurden jeweils Lysat-, Elutions- und Bead-Proben aufgetragen.

Die Ansätze der Co-IPs via Streptactin Agarose (IBA, Göttingen) und/oder den Antikörper SB1 an Protein A/G Sepharose (Pierce) gebunden, sollten die detektierte RACK1:hRIβ Interaktion verifizieren. Hierzu wurden die Plasmide hRACK1-SnAvi und BirA-mCherry in 175

Material & Methoden

cm² Zellkulturflaschen für 24 Stunden co-exprimiert. Das Protein BirA ist bei der Expression des SnAvi-Tags notwendig, um die Avidinsequenz, welche im Tag enthalten ist, in der Zelle zu biotynilieren (Schäffer et al., 2010).

Tabelle 12: Zur Co-IP verwendete Puffer.

Lysepuffer I:	Lysepuffer II:	Lysepuffer III:
20 mM MES 100 mM NaCl 0,1% NP40 Frisch zugeben: 1 mM β-ME Protease inhibitor (Roche) 2 µl/mL DNase I	20 mM Tris 150 mM NaCl 5 % Glycerin 1 mM DTT 3 mM MgCl2 Protease inhibitor (Roche) 2 µl/mL DNase I	1x PBS 0,02% NP40 Protease inhibitor (Roche) 2 µl/mL DNase I
Elutionspuffer:		
50 mM Tris pH 8 0,2% SDS 0,1% Tween 20		

In diesen Versuchsansätzen wurden die Zellen in Lysepuffer I (Tabelle 12) aufgeschlossen und mit 5 µM hRIβ wt gespickt. Mit dem SnAvi-Tag wurden zwei Versuchsansätze durchgeführt. Einmal wurde die Co-IP über den biotynilierten Avi-Teil des SnAvi-Tags mittels Streptactin Agarose angesetzt und der zweite Ansatz erfolgte über einen SB1 Antikörper, der an Protein A/G Sepharose gebunden wurde. Dieser erkennt die so genannten SB1 Epitope (Antigen Epitop des SB1 Antikörpers aus dem Protein Synaptobrevin) des SnAvi-Tags. Zu Beginn der Versuche wurden jeweils 100 µl Agarose (1 x Streptactin; 1 x Protein A/G) mit MES Puffer äquilibriert. Anschließend wurden die Agaroseansätze gesplittet in jeweils 50 µl Aliquots (siehe unten).

1) Streptactin Agarose

    1a) 50 µl Agarose + Lysat

    1b) 50 µl Agarose + hRIβ wt

2) Protein A/G Sepharose

    2a) 50 µl Agarose + Lysat + Antikörper SB1

    2b) 50 µl Agarose + Lysat

In dem Versuchsansatz 2a (siehe oben) wurde das eingesetzte Zelllysat zunächst mit 500 µl Antikörper SB1 versetzt. Anschließend wurden alle vier Versuchsansätze 1a, 1b, 2a, und 2b für 1 h bei 4 °C rollend inkubiert. Danach folgten 3 Waschschritte der Agarosen und zur Elution wurden 50 µl Protein Dye auf jeden Versuchsansatz gegeben und die Proben für einige Minuten aufgekocht.

Ein weiterer Ansatz zur Verifizierung der RACK1:RIβ Interaktion war der „Pulldown" mit H_6RACK1 und hRIβ wt, rekombinant exprimiert, über TALON® Agarose der Firma Clontech (pro Ansatz 50 µl Agarose), wobei diese ebenfalls bereits zum Reinigen des H_6RACK1 Proteins verwendet wurde. Zu diesem Versuch wurden drei unterschiedliche Protein-Konzentrationsverhältnisse in Lysepuffer II getestet (Zeller et al., 2007) (siehe Tabelle 13).

Tabelle 13: Zusammensetzung des Pulldowns Verifizierung der Interaktion hRACK1:hRIβ

1. Ansatz	200 nM hRIβ wt	2 µM hRACK1
2. Ansatz	2 µM hRIβ wt	2 µM hRACK1
3. Ansatz	2 µM hRIβ wt	200 nM hRACK1
4. Ansatz	2 µM hRIβ wt	--

Die 4 Versuchsansätze wurden für zwei Stunden bei 4 °C rollend auf der TALON® Agarose belassen und anschließend 3 x mit Puffer gewaschen. Die Elution der Proteine erfolgte mit jeweils 2 x 50 µl 50 mM Imidazol in Tris Puffer für 10 min bei 4 °C. Die jeweils erste und zweite Elution wurden vereinigt und mit 1 mL Aceton überschichtet, um die Proteine zu fällen. Die Elutionen mit Aceton wurden 3 Stunden bei -20°C belassen und anschließend 5 min bei 12.000 x g zentrifugiert. Der Überstand wurde verworfen, das Pellet 5 min bei RT getrocknet und abschließend in 30 µl Protein Dye resuspendiert. Die Agarosen wurden mit jeweils 50 µl Protein Dye versetzt und mit auf das SDS-Gel aufgetragen.

Der vierte Versuchsansatz zur Validierung der RACK1:RIβ Interaktion wurde mittels GFP Antikörper (Abt. Zellbiologie) und Thiophilic Agarose der Firma Amocol durchgeführt. Die Thiophilic Agarose stellt eine Alternative zur Antikörperextraktion mit Protein A dar (Fiedler and Skerra, 1999). Hierzu wurden zunächst zwei Mobicol Säulen (MoBiTec) mit jeweils 150 µl Thiophilic Agarose gefüllt. 133 µl des GFP Antikörpers (hergestellt mit IgG stripped FCS) wurden mit 66 µl Ammoniumsulfat [1 M] versetzt und auf eine der zuvor mit Puffer (50 mM Natriumphosphat, 1 M Ammoniumsulfat, pH 7,5) äquilibrierten Säulen gegeben. Anschließend wurde die Säule mit dem 10-fachen Säulenvolumen Puffer gewaschen. In der Zwischenzeit wurden $1\cdot10^7$ Cos7 Zellen (hRIβ-GFP² transfiziert, 24 h exprimiert) in Lysepuffer III und anschließend 2x 133 µl des Lysats mit 66 µl Ammoniumsulfat [1 M] versetzt. Jeweils ein Ansatz der Zelllysate wurde auf eine Mobicolsäule gegeben und in das Agarosebett einlaufen gelassen. Anschließend wurden beide Säulen (1x mit Antikörper und 1x ohne Antikörper) mit 10-fachem Säulenvolumen Puffer gewaschen und die Elution erfolgte anschließend mit 4x 100 µl Elutionspuffer (1 M Tris HCl, pH 8,5). Nach dem Verschließen der Mobicol-Säulen wurden die Beads in 150 µl Puffer resuspendiert, 50 µl für die Analyse im SDS-Gel abgenommen und mit Protein Dye versetzt.

Eine Zusammenfassung der im Rahmen dieser Arbeit durchgeführten pulldown und Co-IP Experimente, um Protein-Protein Interaktionen zu verifizieren, findet sich in Tabelle 14.

Tabelle 14: Zusammenfassung der durchgeführten Co-IP und pulldown Experimente

	Protein A (Dynabeads)	Protein A/G Sepharose	Thiophilic Agarose	Streptactin Agarose	TALON® resin
AKAP10:R-UE	**AK BS** Rluc-AKAP:: R-UE-GFP² (hR-UE rek.)				
rgs5:R-UE	**AK BS** Rluc-rgs5:: R-UE-GFP² (hR-UE rek.)				
RACK1:hRIβ	**AK E BS** RACK1- GFP² (H₆-RACK1) ::hRIβ-Rluc **anti-RACK1** H₆-RACK1 (RACK1-GFP²):: hRIβ-Rluc	**AK SB1** (SnAvi-Tag) RACK1-SnAvi:: hRIβ-Rluc		**SnAvi-Tag** (biotyniliert) RACK1-SnAvi:: hRIβ-Rluc	**H₆-RACK1**:: hRIβ-Rluc (hRIβ rek.)
GFP²-Tag			**AK GFP²** RACK1-GFP²::RIβ -Rluc		

Für die Interaktion des AKAP10 bzw. rgs5 mit den regulatorischen Untereinheiten wurden diverse Ansätze einer Co-IP durchgeführt, wobei keiner erfolgreich gewesen ist. Hierbei ist es notwendig, dass die AKAPs über die Bindung an die R-UE an den rekombinant hergestellten Antikörpern aus HEK293T Zellen präzipitiert werden können, da in der Arbeitsgruppe keine spezifischen Antikörper gegen die hier verwandten AKAPs vorhanden gewesen sind. Die Antikörper gegen die im BRET^2 System verwendeten Fusionsproteine GFP^2 und *Renilla* Luziferase sind vom Isotyp IgG1 Antikörper, die nach Herstellerangaben (Invitrogen, bzw. Pierce) nicht an Protein A binden und somit nicht für IPs geeignet sind.

Im Bezug zur weiteren Optimierung der im Rahmen dieser Arbeit durchgeführten Immunpräzipitationen, könnten die in der Arbeitsgruppe Biochemie neu vorhandenen GFP-Nanobodies (erhalten aus der AG Myldermans, Belgien) Anwendung finden. Hierbei können die GFP-Nanobodies über ihren His-Tag an Cobalt Agarose gekoppelt werden, um GFP^2 fusionierte Proteine aus Zelllysaten zu extrahieren. Die Nanobodies sind rekombinant exprimierte, hochspezifische Kamel-Antikörper gegen GFP (Rothbauer et al., 2008).

Bei der Durchführung von Immunpräzipitationen zur *in vitro* Verifizierung der untersuchten Interaktionen ist zu beachten, dass die falsch positiven Proteine durch anfertigen eines *preclears* minimiert werden. Nach zahlreichen nicht erfolgreichen Versuchen ist es hier im Zusammenhang mit Antikörpern denkbar, dass der verwendete Antikörper (Bsp.: anti RACK1) die gleiche Interaktionsfläche (Epitop) auf dem Protein benötigt, die zur Interaktion mit der hRIβ ebenfalls notwendig ist. Hierbei kann keine erfolgreiche Co-Immunpräzipitation (Co-IP) erfolgen. Weiterhin ist es möglich, dass der Antikörper ausschließlich eine bestimmte Struktur (z.B. Monomere) oder Modifikation des Proteins bindet. Ist dieses der Fall, ist hierbei ebenfalls keine erfolgreiche Co-IP möglich. Erschwerend für den Nachweis der RACK1:RIβ Interaktion in Co-IPs war, dass RACK1 reproduzierbar, unspezifisch an Protein A Agarose bindet. Die rekombinant hergestellte hRIβ wt hat bei den hier durchgeführten Versuchen an TALON® Agarose (Co^{2+}-Agarose zur Reinigung von Proteinen mit His-Tag, 2.2.4.4) bindet. Die Verwendung von RACK1 Antikörpern zur Co-IP war zum Einen durch die unspezifische Bindung von RACK1 an Protein A nicht erfolgreich. Zum Anderen ließ die Interaktion von dem Anti-RACK1 Antikörper mit RACK1 Protein keine Kopräzipitation der RIβ zu.

Material & Methoden

2.3 Biophysikalische Methoden

2.3.1 BRET[2]

Als Resonanz-Energie-Transfer (RET) wird die Übertragung von Energie zwischen zwei Molekülen in Lösung beschrieben (Förster, 1948). Dieser RET findet statt, wenn ein so genannter Donor seine aufgenommene Energie (Anregungsenergie) in Form von einem Dipol-Dipol Transfer (strahlungsloser Energietransfer) auf einen Akzeptor überträgt. Diese Energieübertragung von dem Donor auf den Akzeptor ist primär abhängig von der Distanz, die zwischen den Molekülen liegt. Eine weitere Voraussetzung für einen RET ist die Überlappung des Emissionsspektrums des Donors und des Absorptionsspektrums des Akzeptors. Die Energietransferrate (kT) ist proportional zur Distanz zwischen dem Donor und dem Akzeptor ($1/r6$). Der Radius bei dem der Resonanz-Energie-Transfer 50 % beträgt wird als Försterradius ($R0$) bezeichnet (Förster 1948). Für biologische Moleküle liegt der Försterradius ($R0$) bei etwa 2- 10 nm (Zaccolo, 2004). In die Berechnung der Energietransferrate fließt ebenfalls die Lebenszeit des Donors (im angeregten Zustand) τD mit ein. Die zugrunde liegende Formel lautet:

$$k_\tau = \frac{\tau}{D} \cdot \left(\frac{R0}{r}\right)^6$$

Die erste etablierte Methode zur Detektion von Protein-Protein Interaktionen sowohl *in vivo* als auch *in vitro* war der Fluoreszenz Resonanz-Energie-Transfer (FRET) zwischen zwei unterschiedlichen Fluorophoren (Szabà et al., 1992). Die Fluorophore wurden an die gewünschten Zielproteine (Interaktionspartner) fusioniert und nach Anregung des Donorfluorophors konnte ein RET detektiert werden. Ein Nachteil dieser Methode stellt das Photobleaching (Zerstörung der Fluorophormoleküle durch die Anregungsenergie) und die Autofluoreszenz (Fluoreszenz von anderen Molekülen in Zellen und Geweben) dar.

Bei der Untersuchung von Interaktionen in pflanzenähnlichen Strukturen, die durch die Anwesenheit von Chlorophyll eine hohe Autofluoreszenz aufweisen, hat sich die Methode des Biolumineszenz-basierten RET gegenüber dem FRET durchgesetzt. Diese Methode des Biolumineszenz Energie Transfers (BRET) zur Messung von Protein-Protein Interaktionen in lebenden Zellen wurde als erstes am Beispiel von zirkadianen Proteinen in Cyanobakterien publiziert (Prinz et al., 2006; Xu et al., 1999). Zur Analyse dieser Interaktionsstudien wurden das biolumineszente Protein (*Renilla* Luziferase) als Energiedonor und das fluorophore Protein GFP[2] als Akzeptorprotein an die zu untersuchenden Proteine fusioniert. Hierbei entsteht die zum RET notwendige Transferenergie durch Umsetzung eines Substrates des biolumineszenten Proteins. Im Falle der *Renilla* Luziferase ist dies Coelenterazin 400a. Das Spektrum der Donoremission ist von dem im Versuch verwendeten Substrat und dem Donorprotein abhängig (Pfleger and Eidne, 2006).

Unter Verwendung des ursprünglichen BRET-Systems (BRET1) wird Coelenterazin h von der *Renilla* Luziferase umgesetzt. Dieses erzeugt ein Emissionsmaximum bei 475nm. Im Falle von BRET[2] wird Coelenterazin 400a (auch DeepBlueC genannt) eingesetzt, wobei hier ein Emissionsmaximum bei 395nm entsteht. Die Wahl des Akzeptor Fluorophors (GFP[2]) richtet sich nach diesen Emissionsmaxima. Die Wellenlänge der Anregungsenergie der verschiedenen existierenden GFP Varianten richtet sich nach den in den Chromophoren enthaltenen π-Elektronen der Aromaten oder Phenolen. Im Falle von EGFP (*enhanced* GFP) sind im Chromophor ausschließlich Phenolate enthalten die eine Anregungsenergie von 490nm verursachen. Wohingegen im Protein GFP[2] sowohl Phenole als auch Phenolate im Chromophor enthalten sind. Den Hauptbestandteil bilden jedoch Phenole, die für die Änderung der Anregungsenergie auf 395 nm verantwortlich sind. Bei Verwendung des BRET[2] Systems sind die *Renilla* Luziferase (und das Substrat Coelenterazin 400a) zusammen mit dem GFP[2] die BRET-Reporterproteine der Wahl.

2.3.1.1 BRET[2]-basierte Protein-Protein Interaktionsmessungen

Der PolarStar Omega der Firma BMG ist ein Mikrotiterplatten-Lesegerät zur Analyse bzw. Auswertung von Versuchsansätzen, die Fluoreszierende, lumineszierende oder absorbierende (UV/VIS) Komponenten enthalten. Mit Hilfe zweier Emissionsfilter wurden in dieser Arbeit die Emissionen von GFP[2] bei 515 nm und die der *Renilla* Luziferase bei 410 nm detektiert. Jede Vertiefung der Mikrotiterplatte wurde für eine Sekunde von beiden Filtern gelesen. Die Messungen erfolgten bei RT. Die Interaktionsmessungen des BRET[2]-Assays am PolarStar Omega wurden 24 Stunden nach der transienten Transfektion der eukaryotischen Zellen (2.2.3.2) in der 96-Flachlochplatte gemessen. Weiter wurden die Zellen in der Platte nach Bedarf vor der Messung mit verschiedenen Substanzen bei 37°C und 5% CO_2 im Brutschrank (Binder) inkubiert.

Material & Methoden

Mit Hilfe einer Acht-Kanal-Pipette wurden die folgenden Arbeitsschritte beschleunigt und gleichzeitig erleichtert. Direkt vor der Messung wurde die Platte aus dem Brutschrank genommen und die Zellen einmal mit 1x PBS gewaschen. Nach vollständigem Entfernen des Puffers wurden 50 µl der Coelenterazin 400a (DBC)- Verdünnung (5 µM Coelenterazin 400a in 1x PBS) in jede Vertiefung pipettiert und die Platte umgehend in den PolarStar Omega gestellt. Auch nicht transfizierte Zellen wurden mit Coelenterazin 400a gemessen.

Parameter-Einstellungen am PolarStar Omega:

$BRET^2$-Filter:
Luciferase Emissionsfilter 410 nm; 80 nm Bandbreite
GFP^2 Emissionsfilter 515 nm; 30 nm Bandbreite
PMT Spannung: 1100 V
Gain Setting: 25.0
Lesedauer pro Well und Filter: 1 Sekunde
Temperatur: Raumtemperatur

2.3.2 Auswertung der Messdaten

Die Auswertung der Messdaten erfolgte mit der Software Omega Data Analysis der Firma BMG (nach der unten aufgeführten Formel) sowie anschließend graphisch dargestellt mittels GraphPad Prism 5.0. Als Hintergrund-Signal und Transfektionskontrolle wurde ein für die Luciferase kodierender Leervektor in 6 Vertiefungen mit transfiziert (bg). Nicht transfizierte Zellen (n.t. Zellen) wurden bei jeder Messung mitgeführt.

$$BRET^2\ Ratio = \frac{Emission\ 515\ nm - Hintergrund\ (n.t.Zellen)}{Emission\ 410\ nm - Hintergrund\ (n.t.Zellen)}$$

Ein bedeutender Vorteil des $BRET^2$ Systems ist, dass die Expressionshöhe der transfizierten Fusionsproteine keine Auswirkungen auf die Signalhöhe des $BRET^2$ Signals hat, da hier jeweils die Lichtemissionen der Reporterproteine miteinander ins Verhältnis gesetzt werden, indem ein Quotient der Rohdaten gebildet wird (siehe Kapitel 2.3.2). Weiterhin werden Zellen, die ausschließlich einen der beiden Interaktionspartner exprimieren, bei der Auswertung der Daten vernachlässigt. Ausschließlich GFP^2-Anwesenheit in Zellen ergibt kein detektierbares Signal, da GFP^2 in Abwesenheit der Luziferase nicht angeregt werden kann und somit kein Licht emittiert. Ist in einer Zelle ausschließlich Luziferase exprimiert, fällt dieses Signal nach Auswertung in das des Hintergrunds, da dieses ebenfalls von der Luziferase allein gebildet wird.

Über die Bindungsaffinität der untersuchten Interaktionspartner sind anhand der ausgewerteten BRET^2 Signale keine konkreten Aussagen möglich. Es sind Tendenzen ablesbar, wobei hochaffine Interaktionen meist ein 3-5 fach über dem Hintergrund liegendes Signal geben, während niedrigaffine Interaktionen Signale 1-1,5 fach über dem Hintergrund (bg) aufweisen. Das BRET^2 Signal wird größer, je mehr Licht von dem GFP^2 Reporter emittiert wird. Je näher die Reporter Luziferase und GFP^2 in der Zelle zusammen liegen, desto mehr Energie kann von der Luziferase auf das GFP^2 übertragen werden. Das heißt, eine hochaffine Bindung zweier Proteine, bei denen die Reporter aus sterischen oder funktionellen Gründen weiter voneinander entfernt liegen, zeigt ein relativ niedriges BRET^2-Signal (ca. 3-fach über bg, persönliche Beobachtung). Eine niedrigaffine Interaktion kann durch sehr hohe Proteinexpression und/oder direkte Nähe der Reporter zueinander in einem hohen BRET^2 Signal resultieren (ca. 1,5 fach über bg).

2.3.3 Fluorimetrischer Caspase Test (Roche Applied Science)

Zur Detektion aktiver Caspasen in Zellen wurde der fluorimetrische homogeneous caspases assay der Firma Roche (#03005372001) verwendet. Hierzu wurden in einer sterilen schwarzen 96er Flachlochplatte mit klarem Boden $4 \cdot 10^4$ Cos7 Zellen pro Vertiefung ausgesetzt und anschließend mit den zu untersuchenden DNA Konstrukten (2 Vertiefungen pro Konstrukt) transfiziert (siehe Kapitel 2.2.3.2). Nach 24 Stunden Expression der Proteine wurden die Zellen nach den Angaben des Herstellers mit den im Kit enthaltenen Reagenzien versetzt und anschließend im Mikrotiterplatten Lesegerät PolarStar Omega (BMG) vermessen. Um drei biologische Wiederholungen des Tests mit dem gekauften Kit zu ermöglichen, wurden die Reagenzien in kleineren Volumina eingesetzt, als von Hersteller vorgesehen. Statt den vorgesehenen 100 µl Positivkontrolle, Standardlösung und Substrat wurden pro Versuch/Platte jeweils 50 µl der jeweiligen Lösungen verwendet. Die Substratlösung (Rhodamin 110) wurde wie im Handbuch beschrieben angesetzt und auf drei Aliquots verteilt bis zur weiteren Verwendung bei -20 °C gelagert. Nach Zugabe des Substrats wurde die Platte für weitere 60 min bei 37°C inkubiert und abschließend mit Licht einer Wellenlänge von 480 nm angeregt, um eine Lichtemission des eingesetzten Rhodamin110 bei 520 nm zu detektieren. Mit dem ver-

Material & Methoden

messenen Standard auf der Platte wurde eine Eichgerade in dem Programm Mars (BMG) angefertigt, wonach anschließend die absolute Menge des Rhodamins in den analysierten Proben bestimmt werden konnte. Die absolute Menge des detektierten Rhodamins in den Proben ist proportional zu den in der Zelle aktiven Caspasen.

2.3.4 Kopplung von RGS-His hRACK1 an CM5 Chip (Biacore)

Die Kopplung von NTA an einen CM5 Chip für die Biacore 3000 fand außerhalb des Gerätes statt. Hierzu wurde der Chip mit der zu koppelnden Oberfläche nach oben auf zwei Flaschendeckeln platziert. Nach Waschen der Oberfläche mit H_2O_{bidest} wurde diese einige min mit 10 mM NaOH inkubiert, worauf 3 weitere Waschschritte folgten. Anschließend konnte die Oberfläche mit einer 1:1 Mischung der Reagenzien NHS und EDC für 10 min inkubiert werden. In der Zwischenzeit wurde eine 100 mM Amino-Butyl-NTA Lösung mit pH = 8 frisch angesetzt. Diese wurde nach der Inkubation des Chips mit NHS/EDC für 10 min auf die Oberfläche gegeben. Es folgte eine Deaktivierung der Oberfläche mit 1 M Ethanolamin Lösung (Biacore) für 10 min. Nach abschließendem Waschen der Oberfläche ist diese bereit zum Einsatz in der Biacore 3000.

Laufpuffer:	Nickellösung:	Regenerationspuffer:
10 mM MOPS 150 mM NaCl 50 µM EDTA 0,005% P20 pH 7,4	500 µM $NiCl_2$ in Laufpuffer	0,1% SDS

Nach einsetzen des Chips in die Maschine wird diese mit NaOH (50 mM; 3x 1min flow 30) gewaschen und zur kovalenten Kopplung von RGS-His hRACK1 wurde der zuvor mit NTA gekoppelte CM5 Chip zunächst mit Nickelchlorid (500 µM) beladen (1 min, *flow* 10). Die Aktivierung einer Flusszelle erfolgte mit einem NHS/EDC 1:1 Gemisch für 4 min bei Flussgeschwindigkeit 10 µl/min. Nach einem Waschschritt konnte das Protein RGS-His hRACK1 auf die Oberfläche einer Flusszelle gekoppelt werden (10 µg/mL Protein in Laufpuffer, 2 min *flow* 10, + 1 min *flow* 10, ca. 1000 RU). Zur Deaktivierung der noch freien Bindungsflächen auf der Chipoberfläche folgte die Zugabe von Ethanolamin für 4 min bei Flussgeschwindigkeit 10. Die Flusszelle wurde mit 3x 1 min bei einer Flussgeschwindigkeit von 10 µl pro min mit EDTA Puffer [350 mM] regeneriert.

Die Analyse der Bindung der R-UE an RACK1 erfolgte für 3 min Assoziation und 3 min Dissoziation. Eine Kopplung der R-UE an einen cAMP Chip der Biacore 3000, wobei RGS-HisRACK1 als Analyt eingesetzt wurde, fand ebenfalls statt. Allerdings konnten in diesem Versuchsansatz keine Bindungskinetiken erzeugt werden.

3 Ergebnisse

3.1 rgs5 –ein potenzielles neues AKAP in *C. elegans*?

3.1.1 *in silico* Recherche

Zu Beginn der Arbeiten wurden mit Hilfe computergestützter Vergleichsanalysen (*in silico* Analysen) potenzielle AKAPs in *C. elegans* gesucht. Hierzu wurden die Proteinsequenzen von 40 bekannten, meist humanen AKAPs, mit der Datenbank des Nematoden *C. elegans* verglichen (www.wormbase.org, siehe Abbildung 8). In einem zweiten Schritt wurden Proteine, die eine hohe Ähnlichkeit mit bereits identifizierten AKAPs aufwiesen, weiteren Strukturanalysen unterzogen (siehe Abbildung 7).

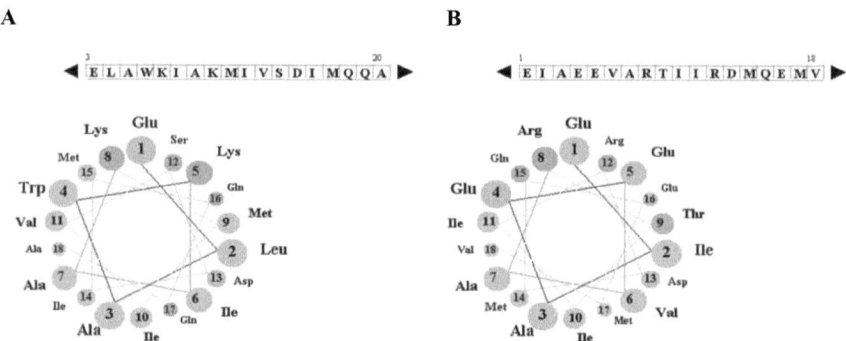

Abbildung 7 Darstellung einer in silico Analyse der bekannten A Kinase Interaktionsdomäne das AKAP10 (D-AKAP2) im Vergleich zu der potenziellen A Kinase Interaktionsdomäne des Homologen rgs5 aus *C. elegans*. A Abgebildet sind die Aminosäuren 633 bis 650 des humanen AKAP10 in einer „Helixwheel" Darstellung (http://cti.itc.virginia.edu/~cmg/Demo/wheel/wheelApp.htmL). Diese Darstellung zeigt eine typische amphipathische Helix mit einer charakteristischen unpolaren Seite (gelb) und einer polaren Seite (blau und rosa). In grün sind polare, ungeladene Aminosäuren dargestellt. **B** Abgebildet ist die homologe Aminosäuresequenz aus dem rgs5 Protein, die potenziell als *RIIBD* fungieren könnte. Nach Darstellung dieser Sequenz (460-478) und Vergleich mit **A**, der helikalen Struktur des AKAP10, fällt auf, dass die analysierte Sequenz des rgs5 Proteins der publizierten amphipathischen Struktur des hAKAP10 sehr ähnlich ist. Die Voraussage der amphipathischen Struktur dieser Sequenz liegt nach diesem Helixplot nahe.

```
  1   ----------------MSSFLGRLRRKD-KEQNGHTATSSDGAYQNGNAHRDSLVND    41   A9Z1K0   A9Z1K0_CAEEL
  1   MRGAGPSPRQSPRTLRPDPGPAMSFFRREVKGKEQEKTSDVKSIKASISVHSPQKSTKNH  60   O43572   AKA10_HUMAN

 42   HICIPAQRNSLTVAQQSADIGSGSDHEGIIVKQKD--------------------------  76   A9Z1K0   A9Z1K0_CAEEL
 61   ALLEAAGPSHVAINAISANMDSFSSSRTATLKKQPSHMEAAHFGDLGRSCLDYQTQETKS  120   O43572   AKA10_HUMAN

 77   QLAFSLDRLLIDSSALSYFIQYLDSTDKLNLIKFWMHVEGFKS-----------------  119   A9Z1K0   A9Z1K0_CAEEL
121   SLSKTLEQVLHDTIVLPYFIQFMELRPMEHLVKFWLEAESFHSTTWSRIRAHSLNTVKQS  180   O43572   AKA10_HUMAN

120   SFSEQIQAAQEYKLSASPLQK---------------------------------------  140   A9Z1K0   A9Z1K0_CAEEL
181   SLAEPVSPSKKHETTASFLTDSLDKRLEDSGSAQLFHTHSEGIDLNNRTNSTQNHLLLSQ  240   O43572   AKA10_HUMAN

141   ------------------------------------------------------------  140   A9Z1K0   A9Z1K0_CAEEL
241   ECDSAHSLRLEMARAGTHQVSMETQESSSTLTVASRNSPASPLKELSGKLHKSIEQDAVN  300   O43572   AKA10_HUMAN

141   ------------------------------------SCFDEAQDFVKSLFEYKYFDEFQ  163   A9Z1K0   A9Z1K0_CAEEL
301   TFTKYISPDAAKPIPITEAMRNDIIARICGEDGQVDPNCFVLAQSIVFSAMEQEHFSEFL  360   O43572   AKA10_HUMAN

164   NSVYYKGHELEVLSDG-CSLADILKVQPLLLSFLEFIKEKEDHDTIQFLLGCDSPEANLD  222   A9Z1K0   A9Z1K0_CAEEL
361   RSHHFCKYQIEVLTSGTVYLADILFCESALFYFSEYMEKEDAVNILQFWLAADNFQSQLA  420   O43572   AKA10_HUMAN

223   LMKD----SEALGDAMALYEKYFSMQATMNIDLGSAIRAEMESLICEESGRPNPKAFRTA  278   A9Z1K0   A9Z1K0_CAEEL
421   AKKGQYDGQEAQNDAMILYDKYFSLQATHPLGFDDVVRLEIESNICREGG-PLPNCFTTP  479   O43572   AKA10_HUMAN

279   KTACFFPLHDKYLSDFLKTSYYHNYLGELQSFIDFTVELPRKVNRAASSS----DVASS  334   A9Z1K0   A9Z1K0_CAEEL
480   LPQAMTIHEKVFLPGFLSSNLYKYLNDLIHSVRGDEFLGGNVSLTAPGSVGPPDESHPG  539   O43572   AKA10_HUMAN

335   TDSLTHAFSRHLEVLERKGMDKDESTQTPTGSPSSSKRSTPRTPRSSRLAEVDEMGKYHA  394   A9Z1K0   A9Z1K0_CAEEL
540   SSDSSASQSSVKKASIKIKGNFDEAIIVDAASLDPESLYQRTYAGKHTFGRVSDLGQFIR  599   O43572   AKA10_HUMAN

395   LYDDSHSQTPQKPMRIKSTLRKYLDKN-TLREEIAEEVARTIIPDMQEMVASSAESPTS  453   A9Z1K0   A9Z1K0_CAEEL
600   ESEPEPDVRKSKGSMFSQAMKKMVQGNTDEAQRELAMKIARHIVSDIHQQAQYDQPLEKS  659   O43572   AKA10_HUMAN

454   PTFRYG  459   A9Z1K0   A9Z1K0_CAEEL
660   TKL---  662   O43572   AKA10_HUMAN
```

Abbildung 8: Darstellung eines Sequenzvergleichs des humanen AKAPs 10 (=D-AKAP2, SwissProt ID O43572) mit dem hierzu homologen Protein aus dem Modellorganismus *C. elegans* rgs5 Isoform b (SwissProt ID A9Z1K0). In rot markiert sind einmal die N-Terminalen Aminosäuren der Proteine, die im Falle des AKAP10 für dessen Lokalisation an Mitochondrien von Bedeutung sind. Und im C-Terminus ist die für das humane AKAP10 die A Kinase Bindedomäne (*RIIBD*) bereits identifizierte Sequenz Magenta markiert (Sarma et al., 2010; Burns et al., 2003). In grün unterstrichen sind die Aminosäuresequenzen, die in beiden Proteinen jeweils zwei rgs Domänen, die spezifische Interaktionen in der Zelle ermöglichen, bilden. Die Aminosäuresequenz (424 EEEIAEEVARTIIRDMQEMVAS 446) der rgs5 Sequenz (entsprechend der *RIIBD* Domäne des AKAP10) wurde als Ausgangspunkt für die *peptide spot arrays* verwendet (Abbildung 9 B, grün). Ein Teil dieser Sequenz bildet die Grundlage für den in Abbildung 7 dargestellten Helixplot. Das hier gezeigte Alignment wurde mit dem Algorithmus clustalw auf der Seite uniprot.org berechnet und dargestellt. In beiden analysierten Proteinen identische Aminosäuren sind mit einem * markiert, während ähnliche mit . und : dargestellt wurden. Die zwei Proteine sind zu 25% identisch, wobei das Alignment eine Annahme zu einer möglichen Funktionshomologie der Proteine zulässt.

Bisher bekannte, klassische AKAPs besitzen meist eine charakteristische helikale Struktur, die die Interaktion mit der regulatorischen Untereinheit ermöglicht (siehe Kapitel 1.2). Ein

Ergebnisse

Protein, das diese Kriterien zum Teil erfüllt, ist rgs5 und soll im Folgenden weiter analysiert werden. Das rgs5 ist ein potenzielles Funktionshomolog des humanen AKAP10. Rgs5 weist zwei rgs Domänen in seiner Aminosäuresequenz auf, ebenso wie eine Homologie zur *RIIBD* des AKAP10 (siehe Abbildung 8, grün unterstrichen). Aus dem Sequenzvergleich des humanen Proteins AKAP10 mit dem Homolog aus dem Nematoden *C. elegans* rgs5 ergibt sich, dass die Proteine zu 25% in ihrer Primärstruktur identisch sind, wobei sie möglicherweise Funktionshomologien aufweisen. Des Weiteren wird in diesem Sequenzvergleich deutlich, dass der C-Terminus der Proteine einige Ähnlichkeiten aufweist. Die publizierte helikale Struktur der A Kinase Bindedomäne (*RIIBD*) der AKAP10 Sequenz zeigt im Sequenzvergleich mit dem rgs5 aus *C. elegans* mehrere homologe Aminosäuren, die in Abbildung 8 mit einem (*) dargestellt sind.

Das Protein AKAP10 bindet regulatorische Untereinheiten der PKA sowohl vom Typ I als auch Typ II (Huang et al., 1997). Die Expression dieses Proteins ist in unterschiedlichen Geweben, wie zum Beispiel in neuronalem Gewebe oder auch in hepatischem Gewebe, nachgewiesen. Hier ist das Ankerprotein an der Verknüpfung von Signalwegen an der Zellmembran und Mitochondrien beteiligt (Eggers et al. 2009). Das *C. elegans* Homolog zu AKAP10 ist rgs5 (*regulator of G protein signalling*). Die Expression von rgs5 in den Nematoden ist auf Kopfneuronen beschränkt und ein Ausschalten (*knock down*) des Gens mit Hilfe von RNAi zeigt keinen auffälligen Phänotyp (wormbase.org). Die Funktion des Proteins in *C. elegans* wurde noch nicht eingehend untersucht.

3.1.2 Untersuchung der Interaktion mittels *peptide spot arrays*

In Kooperation mit der Arbeitsgruppe von Herrn Prof. Kjetil Taskén im Biotechnologie Zentrum in Oslo, wurde unter anderem das potenzielle AKAP rgs5 in so genannten *peptide spot arrays* auf Bindung der hRIIα, bRIα und kin-2 untersucht (siehe Abbildung 9)(Pidoux et al., 2011). Hierbei wurden die neuen Peptidsequenzen der potenziellen Helices unterschiedlicher Proteine synthetisiert und auf eine Matrix aufgebracht. Als Positivkontrolle wurde die PKA bindende Peptidsequenz aus AKAPce (ALYQFADRFSELVISEALNHRK) jeweils 3x zu Beginn und zum Schluss der potenziellen neuen AKAP Helices auf die Matrix gespottet (Abbildung 9A). Diese Matrix konnte nun mit unterschiedlichen regulatorischen Untereinheiten der PKA inkubiert werden, wobei die bovine RIα G97S sowie die humane RIIα wt, von

64

der AG K. Taskén in Oslo zur Verfügung gestellt wurden, und die Substratmutante kin2 G95S während dieser Arbeit angefertigt wurde. Mit Hilfe der Punktmutationen in den RI-Untereinheiten konnten diese von Pseudosubstraten zu Substraten der hCα werden und von dieser phosphoryliert werden. Die Phosphorylierung der R-UE durch die hCα ist zur radioaktiven Markierung der R-UE in dem hier durchgeführten Assay notwendig. Bindet eine markierte R-UE an ein Peptid, konnte diese Interaktion durch die eingebrachte radioaktive Markierung spezifisch nachgewiesen werden. Um im Falle einer Interaktion die Interaktionsfläche exakt zu identifizieren, fand ein Verschieben der verwendeten Peptide jeweils in Richtung des N- und in Richtung des C-Terminus auf der rgs5 Proteinsequenz statt (siehe Abbildung 9B dunkelblau). Ebenfalls wurden die ausgewählten Peptide in beide Richtungen trunkiert, um die minimale Interaktionsfläche zu identifizieren (Abbildung 9B, Sequenzen in Rot bzw. Magenta). Als Kontrollexperimente wurden in die Peptidsequenzen ein oder zwei Proline eingefügt, um eine potenzielle amphipathische Helix zu zerstören (Abbildung 9B, Sequenzen in Schwarz bzw. Braun). In diesen Versuchsansätzen ist kein Bindungssignal zu erwarten. Für die Bindung mit den regulatorischen Untereinheiten Typ I trifft dieses zu, während bei der hRIIα ein minimales Signal bei einzelnen Peptidspots zu erkennen ist. Basierend auf diesen Spot Arrays konnte nicht exakt die Sequenz aus den *in silico* Recherchen (AS 427-444) als Interaktionsfläche mit den R-UE identifiziert werden. In den *Arrays* zeigt sich für die RI-UE die Aminosäuren 415-433 im rgs5 Protein ein Interaktionssignal. Eindeutige Signale für eine Interaktion der RII-UE mit dem rgs5 lässt sich 1. auf die AS-Bereiche 418-436 und 2. auf AS 438-459 festlegen (siehe Abbildung 9). Auf Grundlage dieser Experimente wurde die cDNA der rgs5 Proteins in BRET^2 Expressionsvektoren kloniert und im BRET^2 System die Bindung an R-UE sowie Holoenzyme weiter untersucht.

Ergebnisse

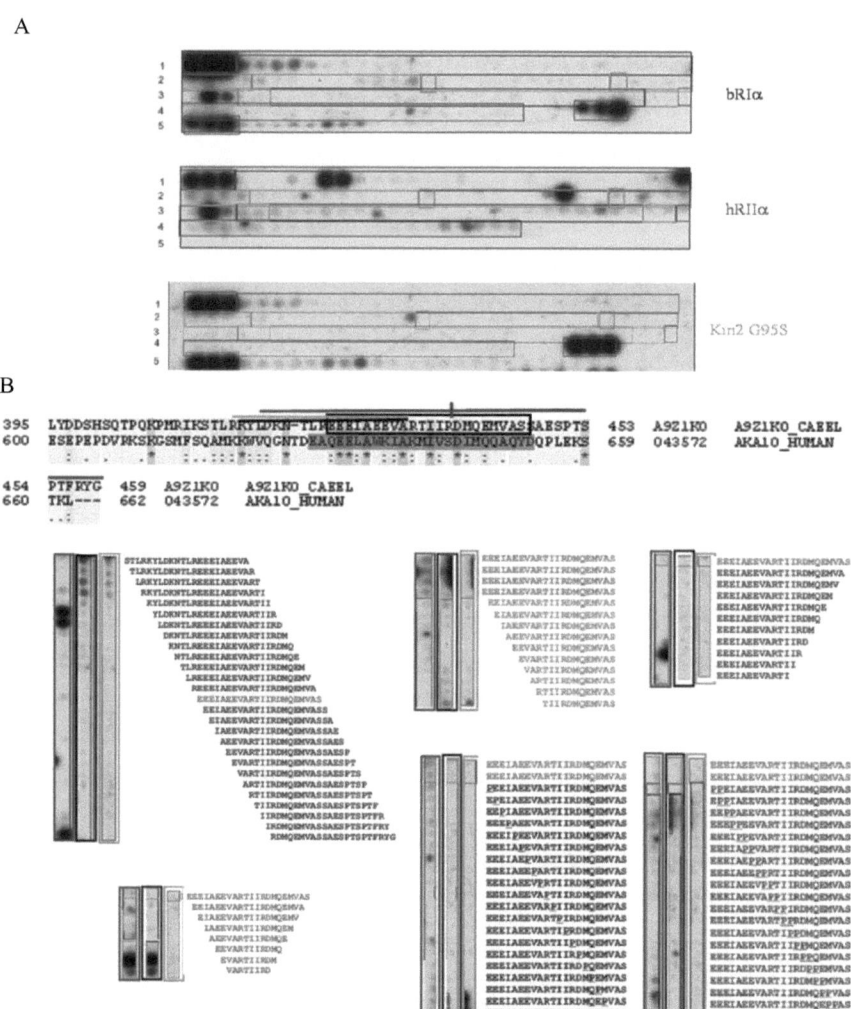

Abbildung 9 Peptide Array des aus *in silico* Recherchen gefundene, potenzielle, neue AKAP aus *C. elegans* rgs5. A Originalfilme der entwickelten *overlay* Experimente, durchgeführt in Oslo von Frau Birgitte Lygren in der Arbeitsgruppe von Prof. K. Taskén. In Oslo wurden einige Peptide potenzieller amphipathischer Helices der aus den *in silico* Recherchen hervorgegangenen Proteine synthetisiert und auf eine Matrix gespottet. Die Positivkontrolle wurde jeweils zu Beginn und zum Ende der gespotteten Peptide (3x) mitgeführt. Entsprechend der in **A** dargestellten Rohdaten der durchgeführten Arrays, sind in **B** die Farbkodierungen der einzelnen R-UE fortgesetzt. **B** Die einzelnen Zeilen der Rohdaten (**A**) auf der Matrix sind vertikal neben den zugehörigen Peptiden dargestellt. Hierbei ist die bRIα blau, kin2 G95S grün und die hRIIα violett gerahmt. Zusätzlich wurden

Ergebnisse

Fortsetzung Abbildung 9

die Peptide, N- und C-terminal der Sequenz entsprechend verschoben (dunkelblau) und diese Peptide ebenfalls synthetisiert und auf die Matrix gebracht. Ebenso verkürzte Konstrukte der potenziellen Helix wurden verwendet (hellblau, magenta, rot), genau wie die Kontrollpeptide, in denen jede einzelne Aminosäure des 22mer Peptids durch ein Prolin (schwarz) bzw. zwei Proline (braun) ausgetauscht wurde, um die Bildung einer Helix zu stören. Nach dem Spotten der Peptide wurde jeweils eine rekombinant hergestellte R-UE der PKA mit der Matrix inkubiert. Peptide, an die die R-UE binden kann, liefern beim Auslesen des Assays ein Signal (schwarze Punkte). In rot eingerahmt ist das Peptid, welches als Positivkontrolle diente. In hellem Grün dargestellt ist jeweils die als potenzielle amphipathische Helix agierende Peptidsequenz aus dem rgs5 Protein. Zusätzlich wurde ein Ausschnitt des Proteinalignments aus Abbildung 8, in welchem die unterschiedlichen Bindungssignale des Peptide Arrays für die jeweilige R-UE in entsprechendem Farbcode dargestellt sind, abgebildet.

3.1.3 Untersuchung von rgs5 und AKAP10 mittels BRET^2

Überwiegend findet die Interaktion der regulatorischen Untereinheiten der PKA, vermittelt von zwei Helices im N-Terminus der Proteine, an eine amphipathische Helix klassischer AKAPs statt (Wirtenberger et al., 2007; Kammerer et al., 2003; Neumann et al., 2009; Taylor et al., 2004). Diese Bindung der R-Untereinheiten ermöglicht in der Zelle die Bildung von Mikrodomänen, in denen die PKA, an AKAPs gebunden, spezifisch auf unterschiedlichste Signale der Zelle reagieren kann. Im Falle der Bindung an AKAP10 wird die PKA hauptsächlich an Mitochondrien lokalisiert (Pidoux and Taskén, 2010). Bisher wurden die AKAP10:R-UE Bindungsstudien ausschließlich *in vitro* durchgeführt, wobei Deletionsmutanten des AKAP10 Proteins Anwendung fanden (Sarma et al., 2010; Burns et al., 2003). In dieser Arbeit sollten daher Bindungsstudien mit dem vollständigen AKAP10 Protein humanen Ursprungs, sowie des homologen Proteins aus *C. elegans* (rgs5) im BRET^2 System durchgeführt werden. Vorversuche sollen klären, ob der Anschluss der Reporterproteine an das Zielprotein einen Einfluss auf die Interaktion hat (siehe Abbildung 10 A sowie Abbildung 11 A).

In Abbildung 10 A ist deutlich zu erkennen, dass die Orientierung des Reporterproteins eine bedeutende Rolle bei der Interaktion rgs5 mit den R-UE spielt. Befindet sich der BRET^2 Reporter am C-Terminus des potenziellen neuen AKAPs aus *C. elegans*, ist kein BRET^2 Signal detektierbar. Wird das Reporterprotein an den N-Terminus des rgs5 fusioniert, ist sowohl mit der getesteten R-UE hRIβ, als auch der regulatorischen Untereinheit kin2 des *C. elegans* eine statistisch signifikante Interaktion (siehe auch Abbildung 10 B) detektierbar. In Abbildung 10 B wurden alle im BRET^2 System zur Verfügung stehenden, humanen Isoformen der regulato-

Ergebnisse

rischen Untereinheit der PKA, als auch die kin2 auf eine Interaktion mit dem rgs5 Protein untersucht. Für alle getesteten Proteine zeigt sich eine statistisch signifikante Interaktion mit dem rgs5 gegenüber dem Hintergrundsignal (bg), mit Ausnahme der hRIIβ. Zur Lokalisation der Interaktion auf Seiten der R-UE wurden in Abbildung 10 C unterschiedliche Deletionsmutanten der hRIβ und der hRIα im BRET² System getestet. Hier zeigt sich, dass der N-Terminus der hRIβ (AS 1-92), welcher die DD-Domäne enthält (siehe Abbildung 3), statistisch signifikant mit dem potenziellen AKAP rgs5 interagiert. Deletiert man hingegen diese Aminosäuren 1-92 (Δ1-92 Proteine hRIβ als auch hRIα), findet kein Energieübertrag von der Luziferase auf das GFP² im BRET² System statt. Es lässt sich kein BRET² Signal, dass für eine Interaktion steht, erzielen.

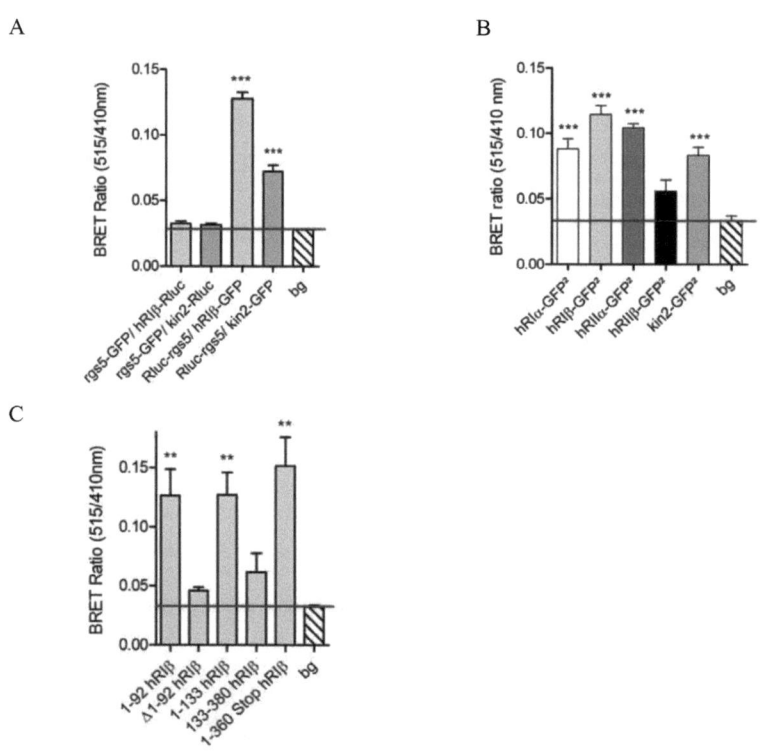

Abbildung 10 Interaktionsstudien unterschiedlicher rgs5 BRET² Konstrukte mit zwei Isoformen der regulatorischen Untereinheiten der PKA. Die Messung der Interaktionen erfolgte 24 h nach transienter Transfektion der Zellen. Hierzu wurde das Medium von

Ergebnisse

Fortsetzung Abbildung 10

Zellen genommen, diese einmal mit 1x PBS gewaschen und nach Zugabe von Coelenterazin 400a umgehend gemessen. A Test der Orientierung der BRET² Reporterproteine an rgs5 auf die Interaktion mit R-UE. Befindet sich der BRET²-Reporter am C-Terminus kann kein BRET² Signal für die untersuchte Interaktion generiert werden. Wird der BRET² Reporter an den N-Terminus des rgs5 fusioniert, kann ein deutlich über dem Hintergrund (bg) liegendes Signal erzielt werden. B Rluc-rgs5 wt Interaktionsuntersuchung mit fünf unterschiedlichen R-UE. Mit Ausnahme der RIIβ zeigen alle Isoformen eine statistisch signifikante Interaktion mit rgs5. C Zur Lokalisation der Interaktion rgs5:hRIβ auf der regulatorischen Untereinheit wurden verschiedene Mutanten der hRIβ sowie der hRIα zusammen mit dem rgs5 in Cos7 Zellen transfiziert. Die Mutanten, in denen der N-Terminus deletiert wurde, zeigen eine deutliche Reduktion des BRET² Signals (Δ1-92, 133-380). Der Standardfehler des Mittelwertes (SEM) wird angegeben. Die Anzahl der durchgeführten Messungen beträgt mindestens 3 pro Interaktion. Pro Messung wurden 6 Vertiefungen einer 96-well-Platte analysiert. Zur Bestimmung der statistischen Signifikanz der Interaktionssignale gegenüber dem Hintergrundsignal wurde eine one way ANOVA mit anschließendem Dunnett Test durchgeführt (*, P < 0.05; **, P < 0,01; ***, P < 0,001).

In den Proteinen 1-132 (DD-Domäne plus Inhibitionssequenz für C-UE) sowie 1-360 (potenzielle BH3-Domäne, siehe Kapitel 3.2.2, deletiert) ist die N-terminale Helix vorhanden und es findet eine Interaktion mit rgs5 statt. Der Mutante 133-380 fehlt sowohl die DD-Domäne im N-Terminus als auch die C-Interaktionsfläche. Auch hier ist keine Interaktion mit dem potenziellen AKAP rgs5 zu generieren. Zusammenfassend lässt sich die Aussage treffen, dass die Interaktion zwischen den R-UE und rgs5 nach ersten Untersuchungen einer klassischen AKAP:R-UE Interaktion entsprechen. In Abbildung 11 sind die entsprechenden Versuche zu Abbildung 10 mit dem humanen AKAP10 dargestellt.

Zum Nachweis der Fusionsproteinexpression in den transfizierten Cos7 Zellen wurde von allen im Rahmen dieser Arbeit verwendeten Konstrukten ein Western Blot angefertigt (siehe Kapitel 2.2.4.2), nachdem die BRET² Platte vermessen wurde (Daten nicht gezeigt).

In Abbildung 11 A wurde die Orientierung der Reporterproteine auf die im BRET² zu optimierende AKAP10: R-UE Interaktion untersucht. Genau wie bereits für rgs5 in Abbildung 10 A bereits gezeigt, ist auch bei AKAP10 die Orientierung der Anschlüsse der Reporterproteine von Bedeutung. Der C-terminale Anschluss des Reporterproteins an das AKAP ist auch im Falle des AKAP10 im BRET² System mit R-UE nicht funktionell. Der N-terminale Anschluss der Luziferase an das AKAP, gemessen mit der RIβ liefert in Abbildung 11 A eine statistisch signifikante Interaktion über dem Hintergrund (bg), wohingegen die Interaktion Rluc-

Ergebnisse

AKAP10: hRIIβ-GFP^2 kein statistisch signifikantes Signal ergibt. Im Test mit allen R-Isoformen zeigt auch das humane Homolog AKAP10 mit allen R-UE ein sehr deutliches BRET^2 Signal, erneut mit Ausnahme der hRIIβ (siehe Abbildung 11B).

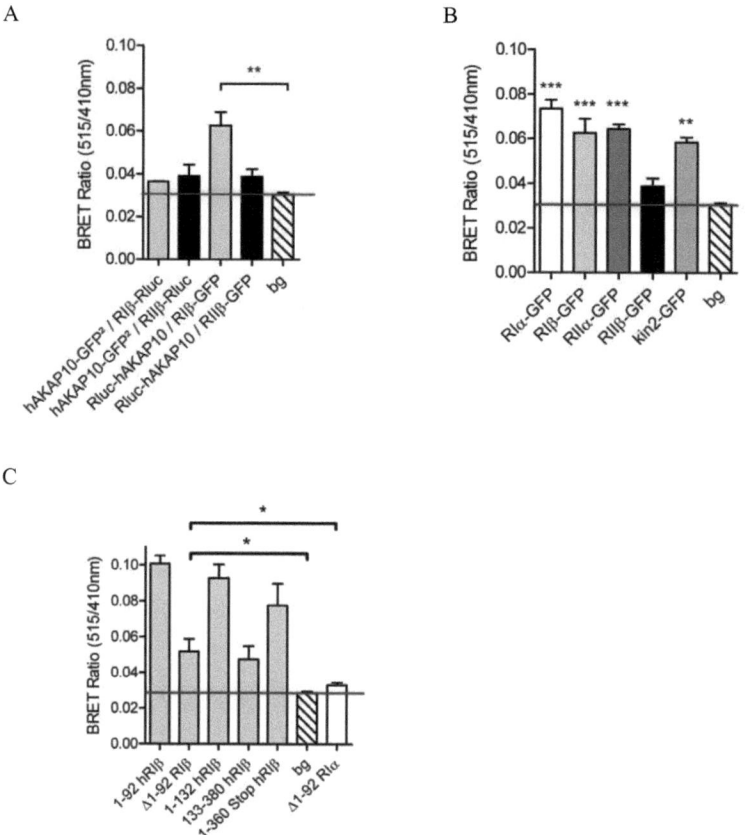

Abbildung 11 Interaktionsstudien unterschiedlicher AKAP10 BRET^2 Konstrukte mit zwei Isoformen der regulatorischen Untereinheiten vom Typ Iβ sowie Iα der PKA. Die Messung der Interaktionen erfolgte 24 h nach transienter Transfektion der Zellen. Hierzu wurde das Medium von Zellen genommen, diese einmal mit 1x PBS gewaschen und nach Zugabe von Coelenterazin 400a umgehend gemessen. A Test der Orientierung der BRET^2 Reporterproteine an hAKAP10 auf die Interaktion mit R-UE. Befindet sich der BRET^2-Reporter am C-Terminus kann kein BRET^2 Signal für die untersuchte Interaktion generiert werden. Wird der BRET^2 Reporter an den N-Terminus des AKAPs fusioniert kann ein deutlich über dem Hintergrund (bg) liegendes Signal erzielt werden. B Rluc-AKAP10 wt Interaktionsuntersuchung mit fünf unterschiedlichen R-UE. Mit Ausnahme der RIIβ zeigen alle Isoformen eine statistisch signifikante Interaktion mit AKAP10.

Fortsetzung Abbildung 11

C Zur Lokalisation der Interaktion AKAP10:hRIβ auf der regulatorischen Untereinheit wurden verschiedene Mutanten der hRIβ sowie der hRIα zusammen mit dem AKAP10 in Cos7 Zellen transfiziert. Fortsetzung Abbildung 11: Die Mutanten, in denen der N-Terminus deletiert wurde, zeigen eine deutliche Reduktion des BRET² Signals (Δ1-92, 133-380). Die Δ1-92 Mutante der hRIβ zeigt im Gegensatz zur Δ1-92 hRIα eine noch immer signifikant über dem Hintergrund und über der RIα liegende Interaktion. Der Standardfehler des Mittelwertes (SEM) wird angegeben. Die Anzahl der durchgeführten Messungen beträgt mindestens 3 pro Interaktion. Pro Messung wurden 6 Vertiefungen einer 96-well-Platte analysiert:Zur Bestimmung der statistischen Signifikanz der Interaktionssignale gegenüber dem Hintergrundsignal wurde eine *one way* ANOVA mit anschließendem Dunnett Test durchgeführt (*, P < 0.05; **, P < 0,01; ***, P < 0,001).

Die Analyse zur Lokalisation der Interaktionsfläche auf der R-Untereinheit (Abbildung 11C) liefert ebenfalls ein Ergebnis, das auf eine klassische AKAP: R-UE Interaktion hinweist. Interessanterweise hat sich bei der Untersuchung zur Identifikation der Interaktionsflächen auf Seite der R-UE mit dem AKAP10 herausgestellt, dass im Falle der RIβ möglicherweise ein zusätzliches Sequenzmotiv an der Interaktion beteiligt ist. Hier zeigt die Mutante Δ1-92 hRIβ eine statistisch signifikante Interaktion gegenüber dem Hintergrund ebenso wie gegenüber der Δ1-92 hRIα (siehe Abbildung 11C). Im Gegensatz zur Δ1-92 hRIβ zeigt die Δ1-92 hRIα gegenüber dem Hintergrund keine signifikante Interaktion.

3.1.4 Bindungsanalyse AKAP10/rgs5: PKA Holoenzym

Für das humane AKAP10 ist bereits bekannt, dass das Protein in unterschiedliche Krankheitsbilder involviert ist. Die Aminosäure 646 ist im humanen Organismus nativ ein Isoleucin. Hat hier eine Punktmutation von Isoleucin nach Valin (I646V) stattgefunden, konnte gezeigt werden, dass Menschen, die diese Mutation tragen, gleichzeitig auch ein höheres Risiko tragen, an einem Herzinfarkt zu erkranken. Bei diesen Patienten wurde festgestellt, dass eine herabgesetzte Regenerationsfähigkeit der Schlagfrequenz des Herzens vorliegt (Neumann et al., 2009). Ebenfalls scheint die Punktmutation in einigen Tumoren vermehrt aufzutreten (Wirtenberger et al., 2007). Um festzustellen, ob diese Mutation Einfluss auf die Bindungseigenschaften mit den R-UE nimmt, wurden Punktmutationen der AKAPs generiert. Bei dem Protein rgs5 ist an der homologen Position zu AS 646 in AKAP10, hier an Position AS 473 ein Methionin. Für das rgs5 wurden die Mutationen M473I (imitiert die im humanen Protein vorhandene AS) sowie M473V (krankheits-assoziierter SNP) in rgs5 wt und vergleichend für das humane Protein die Mutanten I646V und I646M (imitiert *C. elegans* rgs5) eingeführt.

Ergebnisse

Nach der Analyse der unterschiedlichen Wildtyp AKAPs und den generierten Mutanten mit allen humanen R-Isoformen sowie kin2 (Daten nicht gezeigt) lässt sich für beide Proteine rgs5 und AKAP10 sagen, dass keine der untersuchten Mutanten eine statistisch signifikante Änderung der detektierten BRET^2 Signale ergeben haben.

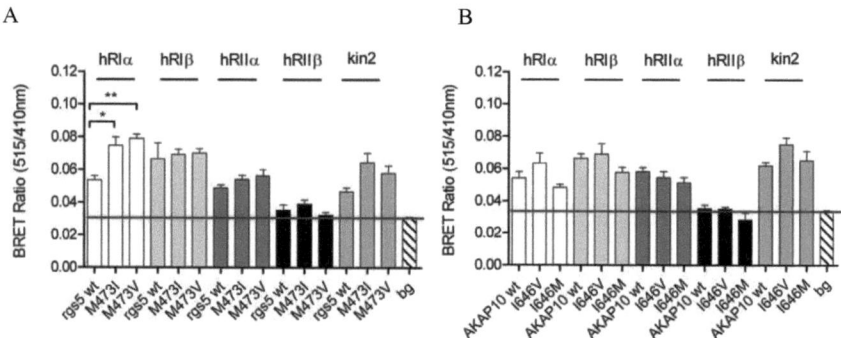

Abbildung 12 Analyse der R-UE im Holoenzym mit hCα-RFP bei Interaktion mit dem potenziellen neuen AKAP aus *C. elegans* rgs5 sowie dem bereits publizierten AKAP10 humanen Ursprungs. 24 h nach Transfektion wurden die Zellen vermessen. Dargestellt sind die Analysen der zwei Punktmutierten AKAPs (rgs M473I, M473V) zusammen mit dem wildtyp Protein. Die Interaktion der rgs5 Proteine zusammen mit dem RIα Holoenzym sind in Weiß abgebildet. Hierbei zeigte sich in **A**, dass es im Fall des rgs5 Proteins aus dem Modellorganismus *C. elegans* bei Interaktion mit den Isoformen der R-UE humanen Ursprungs eine leichte Steigerung der Signalintensität bei Messung mit den mutierten Holoenzymen im Vergleich zum Wildtyp-Protein gibt. Einen Unterschied gibt es ebenfalls bei der Analyse des kin2 Proteins (wie rgs5 aus *C. elegans*). Im Vergleich zu den Messungen mit dem humanen AKAP10 in **B** dargestellt, wird keine deutliche Änderung der Signalintensität bei der Interaktion der R-Isoformen deutlich. Die Anzahl der durchgeführten Messungen beträgt mindestens drei pro Interaktion. Pro Messung wurden 6 Vertiefungen einer 96-well-Platte analysiert. Zur Bestimmung der statistischen Signifikanz der Interaktionssignale gegenüber dem Hintergrundsignal wurde eine *one way* ANOVA mit anschließendem Dunnett Test durchgeführt (*, $P < 0.05$; **, $P < 0,01$; ***, $P < 0,001$).

In Abbildung 12 wird deutlich, dass teilweise Unterschiede der Bindungssignale zwischen PKA Holoenzymen der PKA Isoformen auf AKAP Bindung auftreten könnten. In Abbildung 12 A wurde das aus dem Modellorganismus *C. elegans* stammende, potenziell neue AKAP rgs5 untersucht. Hier zeigt sich ein steigendes Bindungssignal bei den vermessenen RIα-UE Holoenzymen. Die zwei analysierten Punktmutationen des rgs5 Proteins, M473I sowie M473V, weisen ein statistisch signifikantes BRET^2 Signal von etwa 0,08 auf im Vergleich zum Wildtyp-Protein bei etwa 0,055 auf. Dieses steigende Bindungssignal ist bei der Interaktion mit der hRIβ im Holoenzym nicht zu detektieren, wobei sich der Effekt mit dem kin2 Holoenzym und dem rgs5 sich wiederholt, allerdings ohne eine nachweisbare statistische Signifikanz.

Im Vergleich dazu steht das humane AKAP10 in Abbildung 12 B. Hier zeigt sich kein deutlicher Unterschied in den detektierten Bindungssignalen. Im Vergleich der Dimerbindung an die AKAPs (Bindungssignale nicht gezeigt) mit den Signalen, die für die Bindung an Holoenzyme (Abbildung 12) gezeigt werden können, ergibt sich kein signifikanter Unterschied zwischen Dimer und Holoenzym. Die AKAPs binden offenbar sowohl Holoenzyme, als auch R-Dimere nach Aktivierung der PKA.

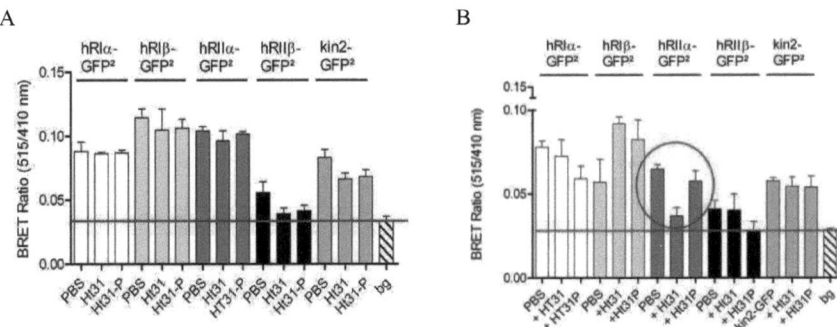

Abbildung 13 Interaktionsstudien der Rluc-rgs5 sowie Rluc-AKAP10 Konstrukte mit jeweils fünf Isoformen der regulatorischen Untereinheiten der PKA unter Einfluss des Peptids Ht31 sowie Ht31P. Die Messung der Interaktionen erfolgte 24 h nach transienter Transfektion der Zellen. Hierzu wurde das Medium von Zellen genommen, diese einmal mit 1x PBS gewaschen und jeweils 6 wells pro Interaktion mit 10 µM Peptid bei 15 min RT inkubiert. Nach Zugabe von Coelenterazin 400a wurde die Platte umgehend im PolarStar Omega der Firma BMG gemessen. **A** Das potenzielle neue AKAP aus *C. elegans* rgs5 wird mit unterschiedlichen R-UE und den AKAP Disruptor-Peptiden inkubiert und vermessen. In dieser Analyse zeigen sich keine deutlichen Unterschiede bei den detektierten BRET^2 Signalen im Vergleich zu der in Puffer vermessenen Interaktion (R-UE-GFP^2). **B** Hier wurden das humane AKAP10 wt im Vergleich mit und ohne Disruptor-Peptid analysiert. Bei dieser Interaktionsstudie lässt sich für die hRIIα die Interaktion durch Ht31 kompetieren. Ist das Peptid nicht funktionell (Ht31P) kann das BRET^2 Signal für diese Interaktion nicht reduziert werden. Diese Interaktion zeigt, dass das verwendete Peptid generell funktioniert. Allerdings gilt Ht31 als ein RII spezifisches Peptid. Der Standardfehler des Mittelwertes (SEM) wird angegeben. Die Anzahl der durchgeführten Messungen beträgt mindestens 3 pro Interaktion. Pro Messung wurden 6 Vertiefungen einer 96-well-Platte analysiert.

Ergebnisse

Zur weiteren Verifizierung der detektierten Interaktion als klassische AKAP: R-UE Interaktion, die über die zwei amphipathischen Helices stattfindet, wurde ein so genanntes AKAP Disruptor Peptid eingesetzt. Das Peptid Ht31 bildet eine amphipathische Helix, die ursprünglich aus dem RII spezifischen AKAP-Lbc stammt (siehe Kapitel 1.2). Durch Einfügen zweier Proline in die Helix wird diese unterbrochen, das heißt sie ist nicht mehr funktionell. Wird nun das Peptid zu einer klassischen AKAP:R-UE Interaktion gegeben, tritt das AKAP-Peptid in Konkurrenz zu dieser Interaktion welches durch eine Reduktion des detektierten $BRET^2$-Signals gezeigt werden soll.

In Abbildung 13 sind die Studien mit dem Ht31 in der Zellkultur dargestellt. Damit die Ht31-Peptide in lebende Zellen gelangen können, wurde eine Fettsäure (Stearinsäure) C-terminal an das Peptid gefügt, die es dem Peptid ermöglicht, durch die Lipiddoppelmembran der Zelle zu gelangen (Moita et al., 2002). Für das rgs5 Protein kann in Abbildung 13A keine Kompetition des Peptids um die Bindung an das potenzielle AKAP rgs5 gezeigt werden. Es wurden in jedem Versuch mindestens drei Wiederholungen durchgeführt, wobei jeweils 10 µM Peptid für 15 min bei RT auf die Zellen gegeben wurde, bevor diese gemessen wurden.

Bei der Analyse des Einflusses der Disruptoren auf die AKAP10 Interaktionen lässt sich ausschließlich für die hRIIα Interaktion ein Effekt nachweisen (rotes Oval, Abbildung 13B). Das $BRET^2$ Signal für diese Interaktion in Puffer gemessen (RIIα-GFP^2), liegt bei 0,65. Nach Zugabe des Ht31-Peptids wird dieses Signal auf nahezu das Hintergrundniveau 0,3 reduziert. Das nicht als Disruptor funktionsfähige Peptid Ht31-P zeigt keinen Einfluss auf die Bindung. Das $BRET^2$ Signal liegt bei 0,6. Dieses zeigt, dass die Peptide generell funktionsfähig in der Zelle sind, dass das Peptid allerdings die RI-Interaktionen mit dem hAKAP10 sowie im rgs5 nicht beeinflussen kann. Im Zusammenhang mit den Studien zur R-UE:AKAP Interaktion sollte die Kompetition der Interaktionen mit AKAP10 und rgs5 mit den R-UE durch das RI spezifische AKAP *disruptor* Peptid RIAD untersucht werden (Pidoux et al., 2011).

3.1.5 Immunfluoreszenzfärbung der AKAPs in Cos7 Zellen

Die für das AKAP10 bereits publizierte A-Kinase Bindedomäne (*RIIBD*) liegt im C-Terminus des Proteins (AS 634-647). Es wird primär eine Lokalisation an Mitochondrien für das Ankerprotein beschrieben (Wang et al., 2001). Allerdings kann AKAP10 auch zytoplasmatisch oder membranständig lokalisieren (Eggers et al., 2009). Das Protein wird von vielen unterschiedli-

Ergebnisse

chen Geweben im menschlichen Körper exprimiert und ist nicht wie das Homolog aus dem Nematoden auf neuronales Gewebe beschränkt (Wang et al., 2001; Dong et al., 2000). Im Fall des neuen potenziellen A Kinase Ankerproteins rgs5 aus *C. elegans* ist bisher beschrieben, dass weder eine Überexpression im Modellorganismus, noch eine herabgesetzte (RNAi) Expression des Proteins rgs5 im Gesamtorganismus einen Phänotyp zeigt (wormbase.org). Wo es in der Zelle lokalisiert, ist aktuell noch nicht bekannt. Um die Lokalisation der Proteine, die im BRET^2 System funktionell sind, in der Zelle miteinander zu vergleichen, wurden Immunfluoreszenzfärbungen angefertigt. Ebenso soll hier untersucht werden, ob die Fusion eines Reporterproteins dessen Lokalisation in der Zelle beeinflusst.

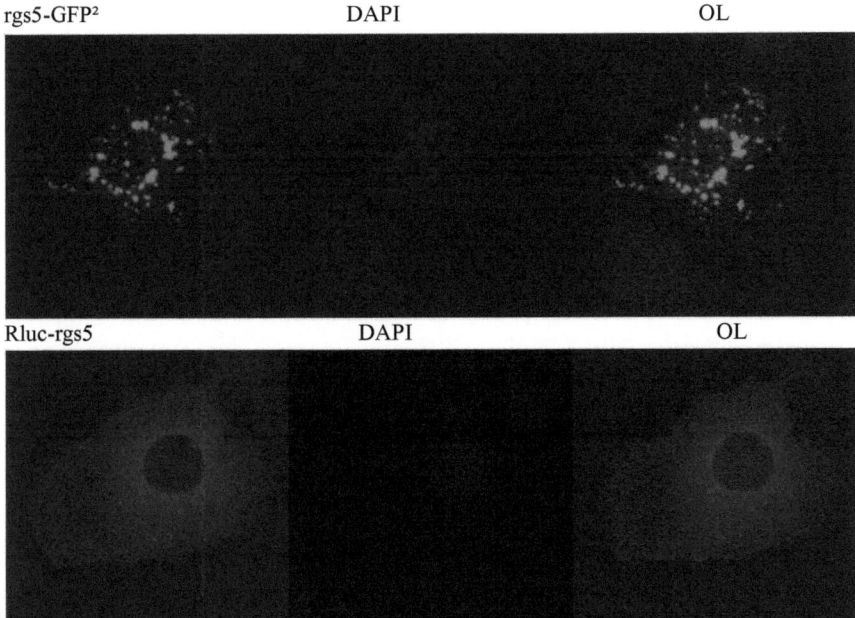

Abbildung 14 Lokalisation der Fusionskonstrukte rgs5-GFP^2 wt und Rluc-rgs5 wt in Cos7 Zellen. Nach der Transfektion mit Polyethylenimin (PEI) erfolgte die Proteinexpression für 24 h bei 37°C und 5% CO_2. Fixiert wurde mit 3,6% Formaldehyd. Die Immunfluoreszenzfärbung der Luziferase-fusionierten Proteine fand mittels Primärantikörper gegen *Renilla* Luziferase (1:1000) und Sekundärantikörper Anti-Maus Cy3Konjugat (1:1000) statt.

Die Präparation der transient transfizierten Cos7 Zellen erfolgte 24 Stunden nach der Transfektion (siehe Kapitel 2.2.3.2.1). Anschließend wurden die Zellen mit 3,6% Formaldehyd-Lösung

Ergebnisse

fixiert. Die Trocknung der Objekte erfolgte für zwei Stunden bei 37°C, anschließend wurden sie bis zur weiteren Verwendung bei -20 °C gelagert.

Die Analyse der Präparate erfolgte im konfokalen Lasermikroskop Leica DM 6000 CS + TCS SP5 (Abt. Tierphysiologie, Prof. M. Stengl). Nach Anregung mit Licht (Absorptionsmaximum bei 396 nm) emittiert GFP[2] Licht einer Wellenlänge von etwa 510 nm, das mit einem entsprechenden Filter detektiert werden konnte. Das Fluorophor Cy3, gekoppelt an den hier häufig verwendeten Sekundärantikörper Anti-Maus zur Immunfluoreszenzfärbung, emittiert Licht bei 570 nm nach Anregung mit Licht einer Wellenlänge von 550 nm.

In Abbildung 14 wurde die Lokalisation des *C. elegans* Proteins rgs5 mit Reporterproteinen am N- bzw. C-Terminus überprüft. Befindet sich ein Reporter am C-Terminus des Proteins erscheint die Lokalisation perinukleär, beschränkt (rgs5-GFP[2]). Fusioniert man hingegen ein Reporterprotein an den N-Terminus des rgs5 scheint das Protein primär zytoplasmatisch (Rluc-rgs5) vorzuliegen. Allerdings kommen auch kleinere Aggregate in der Peripherie des Zellkerns vor. Die DNA Färbung im Zellkern mit DAPI ist in Abbildung 14 (Mitte) dargestellt. Im überlagerten Bild (overlay oder OL) wird die Lokalisation der rgs5-Fusionsproteine in der Kernperipherie noch einmal deutlich.

In Abbildung 15 sind die Fusionsproteine des humanen AKAP10 dargestellt. Wie in Abbildung 14 bereits für das *C. elegans* Protein rgs5 gezeigt, ändert auch das AKAP10 je nach Orientierung des Reporterproteins seine Lokalisation in der Zelle. Ist der N-Terminus frei zugänglich (AKAP10-GFP[2]), sind Aggregate in der Zelle deutlich sichtbar. Dieses deutet auf eine Lokalisation der Fusionsproteine an bestimmten Organellen in der Zelle hin (nach bisherigen Publikationen wahrscheinlich Mitochondrien). Fusioniert man den Reporter Rluc an den N-Terminus des AKAP10 Proteins (Rluc-AKAP10), wird potenziell die Mitochondrienlokalisationssequenz (AS 1-28) in ihrer Funktionalität beeinträchtigt bzw. vollständig maskiert (siehe Abbildung 15). Auch hier sind einige kleinere Aggregate in der näheren Zellkernumgebung deutlich zu erkennen (OL). Die ausgebildeten Ausläufer der mit Rluc-AKAP10 transfizierten Zelle traten häufiger auf, wurden allerdings nicht weiter untersucht.

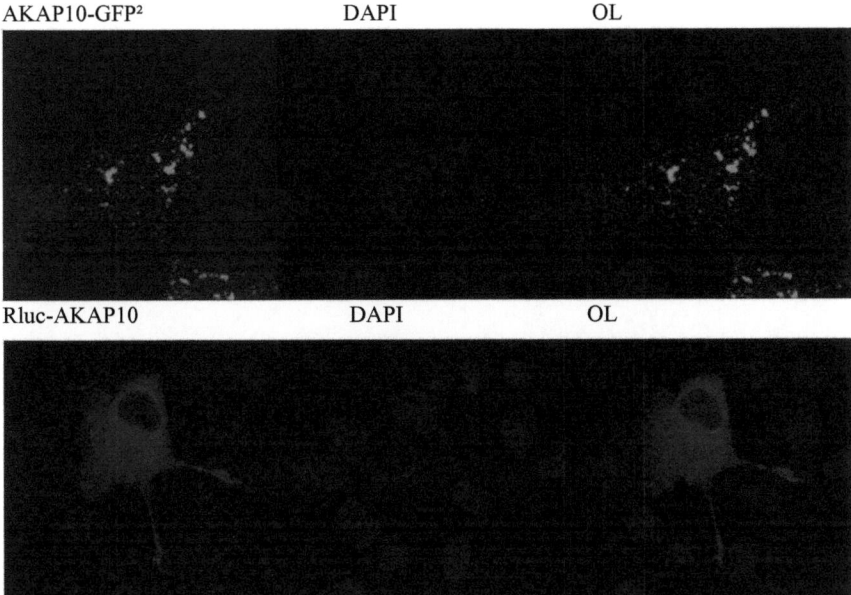

Abbildung 15 Lokalisation der Fusionskonstrukte hAKAP10-GFP² wt und Rluc-hAKAP10 wt in Cos7 Zellen. Nach der Transfektion mit Polyethylenimin (PEI) erfolgte die Proteinexpression für 24 h bei 37°C und 5% CO_2. Fixiert wurde mit 3,6 % Formaldehyd. Die Immunfluoreszenzfärbung der Luziferase-fusionierten Proteine fand mittels Primärantikörper gegen *Renilla* Luziferase (1:1000) und Sekundärantikörper Anti-Maus Cy3Konjugat (1:1000) statt.

Nachdem die Lokalisation der homologen AKAP Proteine mit unterschiedlichen Reporterorientierungen analysiert wurde, sollte im Anschluss eine mögliche Kolokalisation der im BRET² System zuvor vermessenen Interaktionen zwischen den AKAPs und den R-UE der PKA untersucht werden (siehe Abbildung 16, Abbildung 17). Hierbei wurden die R-UE, mit GFP² am C-Terminus fusioniert und mit jeweils den Luziferase kombinierten AKAPs (Rluc-rgs5 sowie Rluc-AKAP10) transfiziert. In Abbildung 16 sind Kotransfektionen des *C. elegans* Protein rgs5 mit jeweils einer Isoform der R-UE dargestellt. In allen Kombinationen lokalisiert das Rluc-rgs5 primär im Zytoplasma. Weiterhin sind bei allen Aufnahmen Lokalisationen des potenziellen AKAPs an der Membran zu erkennen. Im Falle der Kotransfektion Rluc-rgs5 und hRIIβ-GFP² werden die bereits erwähnten Zellausläufer erneut deutlich sichtbar. Diese tauchen ausschließlich bei der Kombination auf, die keine signifikant detektierbare BRET² Interaktion der Proteine zeigt (vgl. Abbildung 11A sowie Abbildung 13). Die unterschiedlichen R-UE mit GFP² Fusionsanteil lokalisieren isoformspezifisch, vorwiegend zytop-

Ergebnisse

lasmatisch (RIα, kin2 und RIIα) oder in Aggregaten (RIβ, RIIβ) in der Peripherie des Zellkerns (Dissertation M. Diskar). Die RIα zeigt neben der zytoplasmatischen Verteilung ebenfalls kleinere Aggregate, die bereits publiziert wurden (Day et al., 2011). Alle durchgeführten Kotransfektionen zeigen in der jeweiligen Bildüberlagerung (OL) eine teilweise gute Kolokalisation (gelb dargestellt) der transfizierten Fusionsproteine.

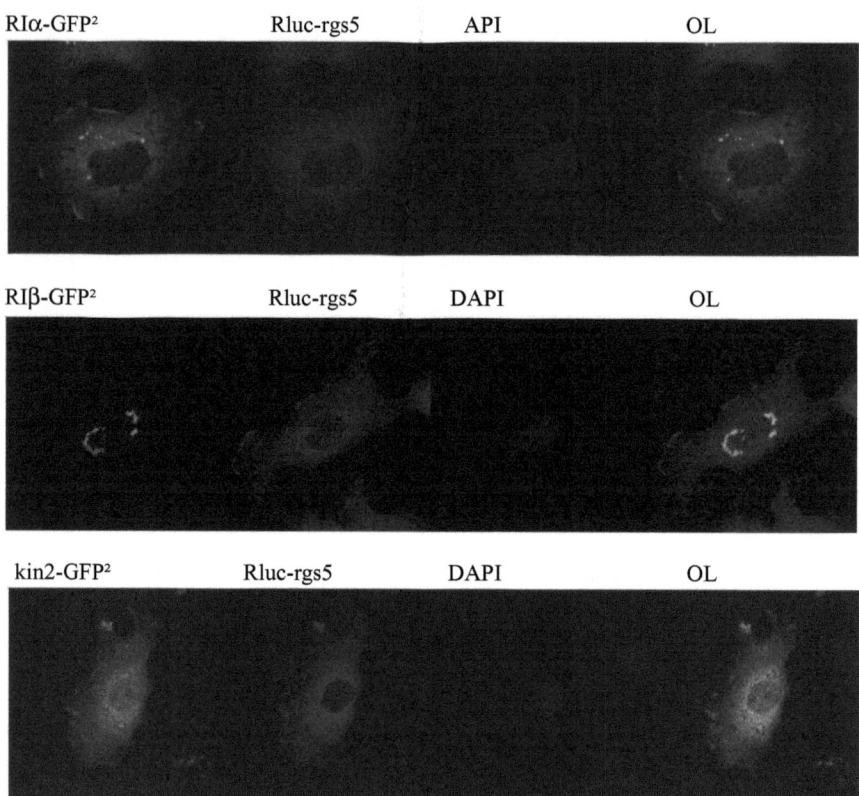

Ergebnisse

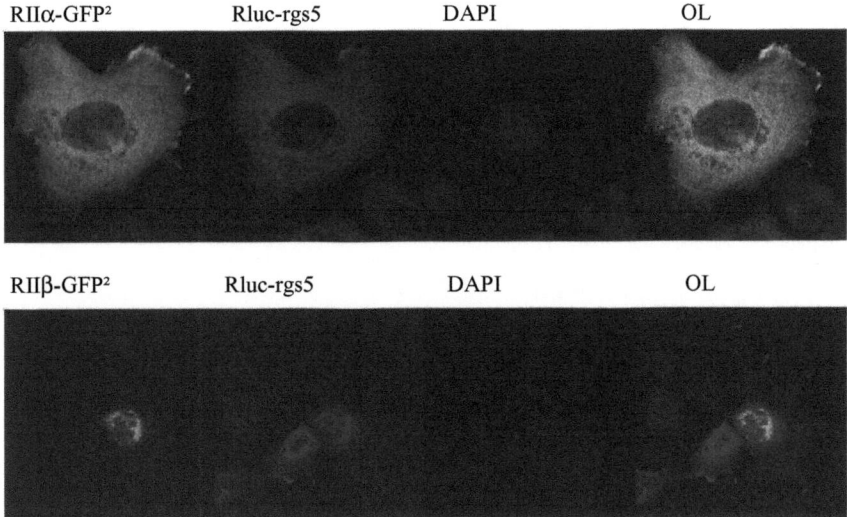

Abbildung 16 Lokalisation des Fusionskonstruktes Rluc-rgs5 wt zusammen mit Isoformen der regulatorischen Untereinheiten humanen Ursprungs sowie aus *C. elegans* in Cos7 Zellen. Nach der Transfektion mit Polyethylenimin (PEI) erfolgte die Proteinexpression für 24 h bei 37°C und 5% CO_2. Fixiert wurde mit 3,6% Formaldehyd. Die Immunfluoreszenzfärbung der Luziferase-fusionierten Proteine fand mittels Primärantikörper gegen *Renilla* Luziferase (1:1000) und Sekundärantikörper Anti-Maus Cy3Konjugat (1:1000) statt.

Die Studien zur Kolokalisation der $BRET^2$ Interaktionspartner wurden im Falle des humanen Proteins AKAP10 mit den Isoformen der R-UE Iβ und IIβ durchgeführt (siehe Abbildung 17).

Das am N-Terminus mit Luziferase fusionierte AKAP10 zeigt auch in der Kotransfektion mit regulatorischen Untereinheiten der PKA eine zytoplasmatische Lokalisation (vgl. Einzeltransfektion Rluc-AKAP10 Abbildung 15). Wie bereits bei Kombination mit Rluc-rgs5 zeigen die R-UE Aggregate in der Peripherie des Zellkerns (Abbildung 16).

Ergebnisse

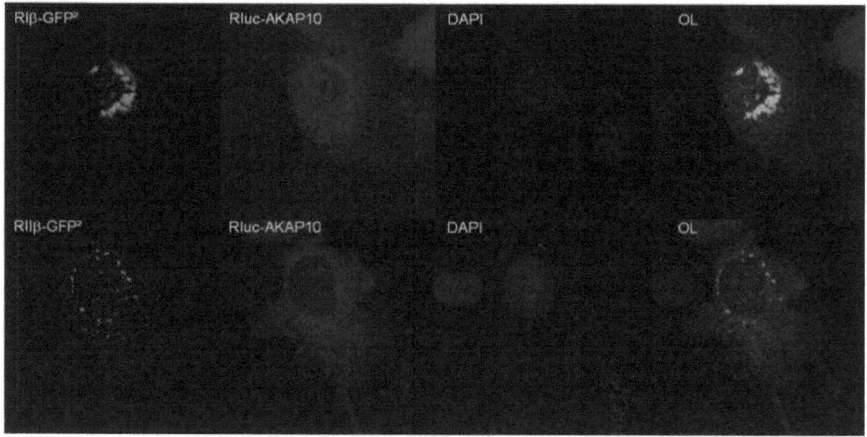

Abbildung 17 Lokalisation des Fusionskonstruktes Rluc-AKAP10 wt zusammen mit zwei Isoformen der regulatorischen Untereinheiten humanen Ursprungs in Cos7 Zellen. Nach der Transfektion mit Polyethylenimin (PEI) erfolgte die Proteinexpression für 24 h bei 37°C und 5% CO_2. Fixiert wurde mit 3,6 % Formaldehyd. Die Immunfluoreszenzfärbung der Luziferase-fusionierten Proteine fand mittels Primärantikörper gegen *Renilla* Luziferase (1:1000) und Sekundärantikörper Anti-Maus Cy3Konjugat (1:1000) statt.

In Abbildung 18 ist im Falle der Transfektion des C-Terminal mit GFP^2 fusionierten AKAP10 und MitoDS-Red eine teils zytoplasmatische Lokalisation des AKAPs zu sehen. Vorrangig zeigt dieses Konstrukt ebenfalls kleinere Aggregate, die in der Überlagerung (OL) und der Teilvergrößerung hieraus keine direkte Kolokalisation zeigen. Das heißt, es ist möglich, dass das AKAP10-GFP^2 an Mitochondrien lokalisiert, während das Fluorophor MitoDS-Red in die Organellen eingelagert wird. Wurde das GFP^2 an den N-Terminus des AKAPs konstruiert, verschwinden die kleinen Aggregate in der Lokalisation des AKAPs vollständig (vgl. Abbildung 15, Rluc-AKAP10). Es findet potenziell keine Lokalisation des Proteins an Mitochondrien statt, da die Zielsequenz im N-Terminus des Proteins (siehe Abbildung 8) durch das Reporterprotein GFP^2 nicht mehr funktionell ist.

Ergebnisse

GFP²-AKAP10   Mito-DsRed   DAPI   OL

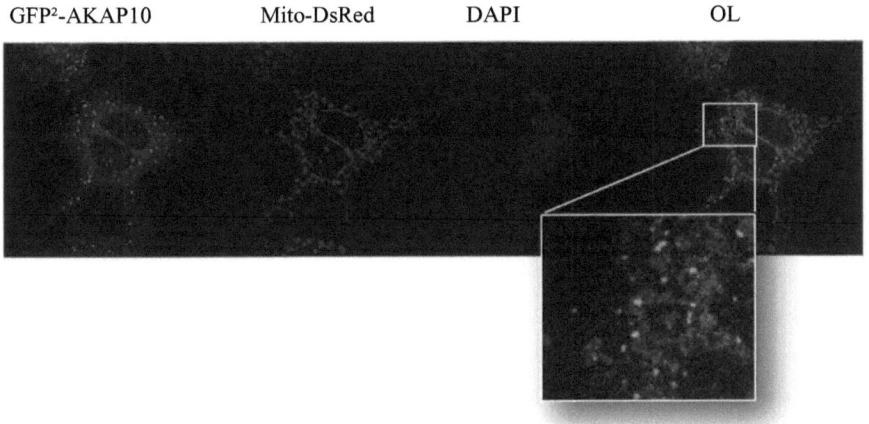

Abbildung 18 Lokalisation des Fusionskonstruktes GFP²-AKAP10 wt zusammen mit einem Organellenmarker für Mitochondrien (MitoDS-Red) in Cos7 Zellen. Nach der Transfektion mit Polyethylenimin (PEI) erfolgte die Proteinexpression für 24 h bei 37°C und 5% CO_2. Fixiert wurde mit 3,6 % Formaldehyd.

Um die publizierte Lokalisation des AKAP10 an Mitochondrien zu überprüfen, wurde abschließend eine Kotransfektion der N- und C-terminalen GFP²-AKAP10 Konstrukte mit dem Mitochondrienmarker MitoDS-Red durchgeführt (siehe Abbildung 18). Das Fluorophor DS-Red wurde ursprünglich aus der Seeanemone *Discosoma striata* isoliert und findet unter anderem mit einer an Mitochondrien lokalisierenden Zielsequenz (*Mito-target sequence*) Anwendung in der Mikroskopie an lebenden und fixierten Zellen (*living colors*, Fa. Clontech). Das Fluorophor DS-Red wurde mit Licht einer Wellenlänge von 558 nm angeregt und die Emission bei 583 nm mit einem passenden Filter detektiert.

3.2 cAMP Affinitätschromatographische Experimente zur Identifizierung neuer Interaktionspartner der PKA-RIβ

Neben der *in silico* Suche wurde in dieser Arbeit auch mittels affinitätschromatographischen Methoden nach neuen potenziellen AKAPs in *C. elegans* gesucht. Dies dient vor allem auch zur Identifikation nicht klassischer AKAP Proteine, wie z.B. Merlin, α/β Tubulin oder das AKAP *Yu* aus *D. melanogaster*. Hierbei werden Proteinkomplexe (AKAP:PKA Komplexe)

Ergebnisse

aus einem Zelllysat über eine cAMP-Agarose isoliert und anschließend mittels *Peptide mass fingerprint* identifiziert.

Ausgehend von einer Mischpopulation der Nematoden in Flüssigkultur (1-4 Liter) wurde ein Lysat hergestellt und für anschließende affinitätschromatographische Experimente verwendet (siehe Kapitel 2.2.5.1). Hierbei wurden zwei unterschiedliche experimentelle Strategien zum Isolieren von potenziellen Interaktionspartnern der regulatorischen Untereinheit kin2 der PKA aus *C. elegans* angewendet. Im ersten Ansatz sollten potenzielle AKAPs indirekt, durch Bindung des endogenen Proteins kin2 in Proteinkomplexen mit AKAPs, aus dem hergestellten Lysat isoliert werden (siehe Abbildung 19A). Ein weiterer Ansatz zur selektiven Isolation von potenziellen AKAPs aus Nematodenlysat bestand darin, rekombinant in *E. coli* exprimierte kin2 zunächst an eine cAMP-Agarosematrix zu koppeln, diese anschließend in das Lysat zu geben und damit einen direkten, so genannten, „*pulldown*" auf AKAPs durchzuführen. Im Vergleich zum indirekten Isolieren der AKAPs, hat dieser Ansatz den Vorteil, dass der direkte Interaktionspartner der AKAP Proteine an einer Matrix immobilisiert ist und AKAPs aus Nematodenlysat daran binden können.

Bei Verwendung der Proteinidentifikation mittels LC ESI-Massenspektrometrie (MS) konnten die Ergebnisse leider nicht konstant reproduziert werden. Dieses liegt möglicherweise daran, dass die Präparation der Gelproben teilweise unvollständig gewesen ist. Dieses kann teilweise auftreten, wenn die verwendete Protease (hier: Trypsin) ihr Substrat nicht optimal erreichen konnte, oder die gesuchten Proteine bei Unterrepräsentanz im verwendeten Lysat nicht verdaut wurden. Aus diesen Gründen wurden, parallel zu den Präparationen der Proben für die Analyse mittels Nano LC-ESI-MS, Western Blots durchgeführt, um die Anwesenheit von RACK1 (siehe Abbildung 20) unabhängig verifizieren zu können. Die angefertigten Western Blots der Elutionen aus affinitätschromatographischen Experimenten wurden sowohl gegen die regulatorischen Untereinheiten der PKA als auch gegen RACK1 detektiert und entwickelt (siehe Abbildung 20). Am Beispiel kin2 und RACK1 sind im Gel die Banden markiert (Abbildung 19 B; roter Kasten), in denen sowohl die R-Untereinheit kin2 als auch das neue, potenzielle AKAP RACK1 identifiziert wurden (Abbildung 19). Die angegebenen Zahlenwerte geben den so genannten *score*-Wert der massenspektrometrischen Auswertung wieder. Je höher dieser Wert, desto besser die eindeutige Identifizierung des Proteins.

Ergebnisse

A B

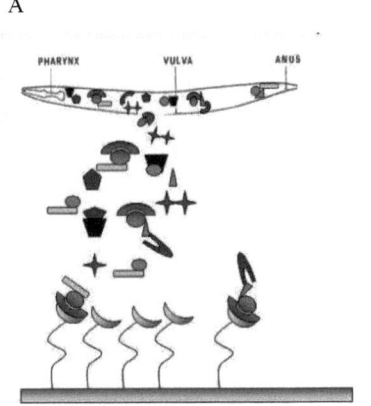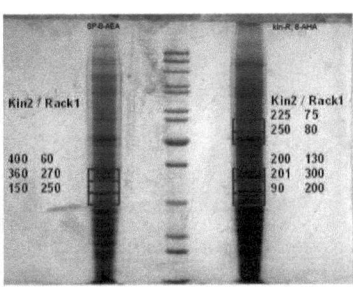

Abbildung 19 Schematische Darstellung des prinzipiellen Ablaufs eines *pulldown* Experiments aus Wurmlysat (A) mit Abbildung einer typischen Elution im SDS-PAA Gel (B). A Eine Mischpopulation unterschiedlicher Entwicklungsstadien der Nematoden wurde kultiviert, lysiert und mittels cAMP-gekoppelter Agarose eine affinitätschromatographische Isolation cAMP-bindender Proteine durchgeführt. Die Elution der gebundenen Proteine erfolgte durch Abkochen der Agarose in SDS-Probenpuffer. Die erhaltenen Proben wurden abschließend auf ein denaturierendes PAA Gel aufgetragen (**B**). Links eine Elution der indirekten Bindung potenzieller AKAPs aus *C. elegans*-Lysat an Sp-8-AEA-cAMPS Agarose. In der Mitte des Gels der Proteingrößenstandard und rechts eine Elution mit rekombinant gekoppeltem Protein kin2 an 8-AHA-cAMPS Agarose zur direkten Isolierung der potenziellen AKAPs aus *C. elegans*-Lysat. Rot markiert sind die Banden, in denen mittels massenspektrometrischer Analyse sowohl die R-Untereinheit kin2 als auch der neue, mögliche Interaktionspartner RACK1 identifiziert werden konnten. Die Zahlenwerte geben jeweils die, für die Proteine erhaltenen, *score*-Werte der massenspektrometrischen Auswertung an. Je höher der Wert, desto besser die Identifizierung des Proteins. Die Sequenzabdeckung der massenspektrometrisch identifizierten potenziellen Interaktionspartner RACK1 und kin2 liegt für RACK1 zwischen etwa 10 und 50 % und für kin2 zwischen etwa 30 bis 60 %.

Neben RACK1 konnten noch weitere Proteine identifiziert werden, die eventuell als ein AKAP in der Zelle fungieren könnten. Als ein Beispiele sollen hier das Protein nsf-1 (Homolog des humanen Proteins Merlin) sowie das Protein erm-1 (Homolog zu humanen ERM Proteinen Ezrin, Radixin, Moesin mit publizierten AKAP Funktionen) genannt werden (Auflistung potenzieller Kandidatenproteine siehe Kapitel 7.1).

Nach Identifikation einiger möglicher Kandidaten zur weiteren Analyse fiel die erste Entscheidung auf das multifunktionale WD40 Protein RACK1. Dieses liegt darin begründet, dass für das Protein RACK1 bereits zahlreiche Interaktionspartner identifiziert wurden, die bereits

Ergebnisse

im Zusammenhang mit dem PKA-vermittelten Signalweg stehen (Bolger et al., 2006; Rebecca J. Bird, 2010). Weiter ist RACK1 ein in den letzten Jahren sehr bedeutendes Protein der Vernetzung zahlreicher Signalwege geworden. RACK1 wird ubiquitär im Organismus exprimiert und ist beispielsweise an Zellproliferation und Differenzierung wie ebenso an Apoptose und in der Entwicklung von Karzinomen beteiligt (Adams et al., 2011).

In Abbildung 20 wurden zunächst alle Elutionen eines Parallelansatzes der *pulldown* Experimente aus unterschiedlichen Zelllysaten aufgetragen. Hierbei wurden kin2 und hRIβ jeweils an 8-AHA-cAMPs Agarose der Firma Biolog LSI, Bremen, gekoppelt. Anschließend wurden die Ansätze geteilt und jeweils mit F11- oder *C. elegans*-Zelllysat inkubiert. Der nach diesem Inkubationsschritt entstehende Überstand der Agarose enthielt alle nicht an die Agarose gebundenen Proteine und wurde mit auf das SDS-Gel aufgetragen. Links auf dem Blot dargestellt, zeigt die Elutionen (an R-UE gebundene Proteine) gegen RACK1 entwickelt. Der Primärantikörper (Tabelle 10) erkannte in allen Elutionen dieses Versuchsansatzes RACK1 Protein (markiert durch *). Auf Höhe des Monomers (35 kDa) konnten Proteine nachgewiesen werden. Die Elutionen, in denen RIβ enthalten war, wurden auf einem Teil des Blots gegen RI-UE detektiert (markiert durch **). Dieser Antikörper war nicht in der Lage kin2 zu detektieren.

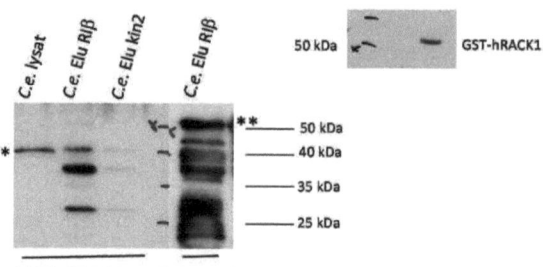

Abbildung 20 Western Blot eines *pulldown* Experiments unterschiedlicher Versuchsansätze aus *C. elegans*-Zelllysat. Nach Kopplung rekombinanter R-UE (RIβ und kin2) an SP-8AHA-cAMPS Agarose der Firma Biolog (Bremen) wurden diese zur direkten Extraktion R-bindender Proteinkomplexe aus Zelllysat verwendet. Auf eine 12% SDS-PAGE wurden alle Elutionen der Versuchsansätze aufgetragen, flankiert von Zelllysat. Die linke Seite des Blots wurde bis zum Marker gegen RACK1 detektiert. Rechts neben dem verwendeten Marker (Fermentas, Spectra Multicolor Broad Range Protein ladder), wurde der Blot gegen RI-UE detektiert.

Die spezifische Isolierung des RACK1 Proteins aus Zelllysat direkt oder indirekt über cAMP-Agarose konnte in mehreren Versuchswiederholungen bestätigt werden. Weiter wurden Elutionen von durchgeführten *pulldown* Experimenten aus *C. elegans*-Lysat sowie aus F11 Zelllysat (neuronale etablierte Zelllinie, Tabelle 6) im Western Blot auf RACK1 Anwesenheit bestätigt (Abbildung 20).

3.2.1 Reinigung rekombinanter Proteine hRIβ, kin2, RACK1

Die Expression der rekombinanten Proteine zur Verwendung in den *pulldown* Experimenten ebenso wie in den Ansätzen zur *in vitro* Interaktionsanalyse mittels der Biacore 3000 (GE Healthcare) wurden in jeweils einem Liter LB Medium *E. coli* Kultur, mit einer optischen Dichte von 0,4 bis 0,6 bei Induktion, ÜN bei RT exprimiert. Regulatorische Untereinheiten der Proteinkinase A (PKA) wurden mittels cAMP-Agarose gereinigt (Sp-8-AEA-cAMPS), während His-Tag Fusionsanteil über Talon® Agarose (Fa. Clontech) aus dem Lysat isoliert wurden (siehe Kapitel 0, 2.2.4.4).

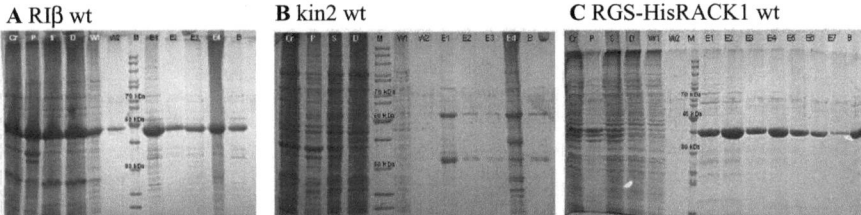

Abbildung 21 SDS PAGE einiger repräsentativer Reinigungen rekombinant exprimierter Proteine zur Verwendung in weiteren *in vitro* Studien sowie *Pulldown* Experimenten. Es wurden jeweils 12 % SDS-Polyacrylamidgele und 5 µl des Proteingrößenstandards (*PageRuler Unstained protein ladder*, Fermentas) verwendet. **A** Reinigung der hRIβ wt (43 kDa) in *E. coli* exprimiert ÜN bei RT. Zur Reinigung wurden Pellets aus 4 L Expressionskultur mittels FrenchPress® lysiert, wovon der Überstand nach 30 min 20.000 x g zentrifugieren, weiter verwendet wurde. Der Überstand wurde für 2-4 Stunden bei 4 °C zusammen mit der Sp-8-AEA-cAMPS Agarose inkubiert und nach einigen Waschschritten mit cGMP Elutionspuffer von der cAMP-Matrix eluiert. **B** Die Reinigung der kin2 wt (42 kDa) erfolgte nach dem gleichen Protokoll, wie die Reinigung der hRIβ wt in A. Hier wurden 2 Liter LB Expressionskultur zum Aufschluss und zur Präparation verwendet. **C** Das humane RACK1 wt Protein (35 kDa + His-Tag) wurde zur Expression in *E. coli* mit einem His-Tag fusioniert. Zur Reinigung wurde 1 L Expressionskultur lysiert und der Überstand nach Zentrifugation für zwei Stunden bei 4 °C rollend inkubiert. Die Elution des Proteins von der Talon®-Agarose erfolgte über einen Imidazolgradienten (50 bis 300 mM) für jeweils 10 min bei 4 °C.

Ergebnisse

Alle rekombinant hergestellten Proteine wurden nach der Reinigung in 1 x NaMOPS Puffer dialysiert. Im ersten Schritt in 2 Litern für bis zu zwei Stunden und im zweiten Schritt über Nacht in 5 Litern Puffer bei 4 °C. Anschließend wurde die Proteinkonzentration mittels Bradfordtest bestimmt und das Protein gegebenenfalls ankonzentriert. Zur Langzeitlagerung wurden die Proteine in 50-100 µl Aliquots bei -20°C in 1 x NaMOPS aufgenommen und bei Bedarf zur Verwendung in *in vitro* Bindungsstudien (3.2.2) nach Bedarf aufgetaut.

Der RIβ C-Terminus (BH3) ist möglicherweise mit Hilfe der GFP-Nanobodies rekombinant als GFP-Fusionsprotein aus *E. coli* zu reinigen. Aufgrund der fehlenden cAMP Bindung und eines fehlenden Tags zur Proteinreinigung konnte dieses Konstrukt bisher nicht *in vitro* untersucht werden.

3.2.2 Vergleichende Interaktionsanalysen *in cell* und *in vitro*

Um die im affinitätschromatographischen Ansatz über cAMP-Analoga gefundene, direkte Interaktion von R-UE mit RACK1 weiter zu untersuchen, wurden zunächst BRET² Studien durchgeführt. Hierbei stellte sich heraus, dass Proteine, die aus Nematoden stammen, nicht ohne aufwändige Optimierung der Expression optimal in Säugerzellkultur exprimiert werden konnten. Aus diesem Grund wurden die folgenden Analysen vorwiegend mit humanem RACK1 durchgeführt. Bei der Klonierung der einzelnen RACK1 Fragmente (WD40 Domänen, siehe Abbildung 22) konnte eine Expression der ceRACK1 Fragmente gezeigt werden. In Abbildung 22 wird gezeigt, dass sowohl die Interaktion zwischen hRACK1-GFP² und der humanen R-Untereinheit Typ Iβ (hRIβ-Rluc), sowie hRACK1-GFP² und kin2-Rluc statistisch signifikant über dem Hintergrundsignal (bg) liegt (siehe Abbildung 22 A, C). Um die Interaktionsmotive, die bei der hier untersuchten Interaktion auf Seiten der R-Untereinheit eine Rolle spielen, zu identifizieren, wurden im Rahmen dieser Arbeit verschiedene Deletionsmutanten sowie gezielte Punktmutanten der RIβ hergestellt (siehe Abbildung 22A). Hier zeigt sich, dass sowohl das hRIβ Wildtyp-Protein der Interaktion, als auch ein Fragment des C-Terminus der RIβ (hier BH3 bezeichnet), ein statistisch signifikant über dem Hintergrund liegendes BRET²-Signal ergab. Wurde der C-Terminus des Proteins deletiert (1-360Stop), konnte keine statistisch signifikante Interaktion detektiert werden ebenso wenig wie für alle weiteren getesteten Mutanten. Ein deletierter N-Terminus zeigte ein Signal über dem Hintergrund; allerdings nicht statistisch signifikant. Die klassische AKAP:R-UE Interaktion findet auf Seiten der R-

UE im N-Terminus des Proteins über die DD-Domäne statt. Dieses ist nach den hier durchgeführten Versuchen für die RACK1:hRIβ Interaktion nicht zutreffend (Abbildung 22A).

Um die Interaktionsflächen auf Seiten des RACK1 Proteins an die RI-UE einzugrenzen, wurden einzelne Domänen des Proteins unterteilt (WD1-2, WD3-5, WD6-7) und mit dem Reporter GFP² fusioniert (siehe Abbildung 22 B). Auf die Analyse der einzelnen WD40 Domänen des humanen RACK1 Proteins wurde verzichtet, da in diesem Fall die *C. elegans* WD40-Konstrukte sehr gut in der Zellkultur exprimiert haben. Nach Zerlegung des RACK1 Proteins ergibt sich für hRIβ-Rluc eine statisch signifikante Interaktion mit den WD40 1-2 und WD40 6-7 des *C. elegans* RACK1 Proteins (siehe Abbildung 22B). Hieraus lässt sich vermuten, dass die Interaktion der hRIβ mit dem RACK1 Protein vorwiegend im C-Terminus des RACK1 Proteins stattfindet.

Möglicherweise ist der N-Terminus mit den WD40 1-2 daran beteiligt, welches eine Erklärung für das auftretende, geringere BRET Signal der WD1-2 und der hRIβ liefern würde. Sowohl die Interaktion der WD40 6-7 als auch der WD40 1-2 mit der humanen RIβ, weisen eine statistische Signifikanz gegenüber dem Hintergrundsignal auf (siehe Abbildung 22 B).

Um hier mögliche falsch-positive Ergebnisse von realen Interaktionen zu differenzieren, ist eine Verifizierung der Interaktion in einem unabhängigen Testsystem notwendig. Alternativ können auch Peptide eingesetzt werden, die die untersuchte Interaktion spezifisch unterbinden (Bsp. Ht31 bzw. RIAD) (Skroblin et al., 2010; Welch et al., 2010). Bei Verwendung solcher Peptide im BRET² System muss auf die Zellpermeabilität der verwendeten Konstrukte geachtet werden. Im Falle des während dieser Arbeit in der Zellkultur verwendeten Peptids, wurde ein mit Stearinsäure gekoppeltes Ht31 Peptid verwendet (St-Ht31, St-Ht31-P).

Unterstützend zu den *in cell* Ergebnissen der hRACK1: hRIβ Interaktion (Abbildung 22) wurden *in vitro* Bindungsstudien mit rekombinant exprimiert und gereinigten, verschiedenen Konstrukten der hRIβ sowie dem hRACK1 wt mit His-Tag durchgeführt (3.2.1). Aufgrund von gravierenden Expressionsschwierigkeiten der RIβ Mutanten ohne Fusionsanteil in *E. coli*, wurden die GFP²-fusionierten Konstrukte aus den BRET² Messungen für die Expression in Bakterien umkloniert und anschließend exprimiert.

Ergebnisse

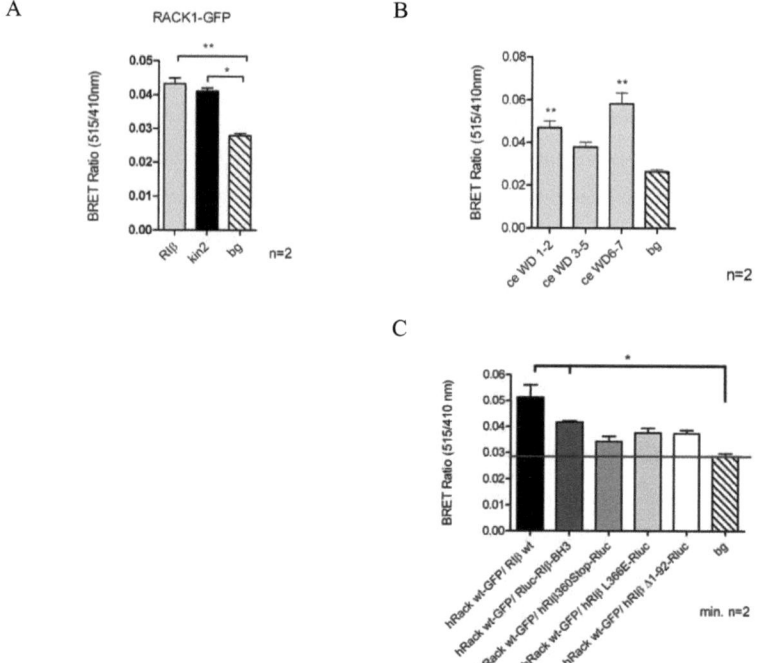

Abbildung 22 Interaktionsstudien des RACK1-GFP² Proteins mit unterschiedlichen Konstrukten der humanen RIβ. Die Messung der Interaktionen erfolgte 24 h nach transienter Transfektion der Zellen. Hierzu wurde das Medium von Zellen genommen, einmal mit 1x PBS gewaschen und nach Zugabe von Coelenterazin 400a umgehend gemessen. **A** Interaktionsmessung des humanen RACK1-GFP² Proteins mit humaner RIβ (grauer Balken) und mit kin2 (schwarzer Balken). Beide Interaktionen liegen statistisch signifikant über dem gemessenen Hintergrundsignal (bg). **B** Zur besseren Einschätzung der Beteiligung der WD40 Domänen des RACK1 Proteins an der Interaktion mit der RIβ wurden die unterschiedlichen WD40-Propellerstrukturen des RACK1 zerlegt und als GFP² Fusionskonstrukt exprimiert. Hierbei zeigt sich eine deutliche Interaktion mit der RIβ und den Konstrukten, die die ersten beiden WD40 Propeller (WD1-2) sowie die letzten beiden WD40 Propeller (WD6-7) enthalten. **C** In vorangegangenen Studien erwies sich das RACK1-GFP² als das am besten funktionierende Konstrukt, um Interaktionen mit der humanen regulatorischen Untereinheit Iβ zu untersuchen. Um die Interaktionsdomänen auf der R-UE zu identifizieren, wurden verschiedenste Mutationen auf Interaktion getestet. Ein signifikant über dem Hintergrund zu detektierendes Signal ergibt sich ausschließlich für RIβ wt und den analysierten C-Terminus der R-UE. Hier befindet sich eine potenzielle BH3 Domäne (AS 361-380). Die potenzielle BH3 Totmutante L366E, sowie das Deletionskonstrukt 1-360 Stop zeigen keine signifikante Interaktion mit dem RACK1. Deletionen des N-Terminus zeigen ebenfalls keine signifikante Interaktion mit RACK1. Zur Bestimmung der statistischen Signifikanz der Interaktionssignale gegenüber dem Hintergrundsignal wurde eine one way ANOVA mit anschließendem Dunnett Test durchgeführt (*, $P < 0.05$; **, $P < 0,01$; ***, $P < 0,001$).

Da die Ausbeute nicht sehr hoch war und auch die Proteine nicht sauber gereinigt werden konnten, wurden die Elutionen nach Dialyse und Ankonzentration trotzdem weiter verwendet. Die Gesamtproteinmenge wurde mittels Bradford-Test bestimmt und für die Biacore Interaktionsmessungen verwandt. Die Bestimmung des aktiven Proteins der regulatorischen Untereinheiten erfolgte aufgrund der geringen Proteinmengen erst nach den Biacoreanalysen in einem gekoppelten Enzym-Aktivitäts-Test (Cook-Assay, 0). Die Wildtyp-Proteine der R-UE wurden ohne Tag exprimiert und über eine cAMP-Agarose gereinigt (Abbildung 21 A, B). RGS-HisRACK1 wt konnte über Talon® Agarose (Fa. Clontech) gereinigt und anschließend kovalent an einen CM5 Chip der Biacore gekoppelt werden (Abbildung 21 C und Kapitel 2.3.4).

Die analysierten Verdünnungsreihen der unterschiedlichen RIβ Konstrukte, im Anhang in Abbildung 47 dargestellt, zeigten alle eine ähnliche Bindungskinetik an das kovalent gekoppelte His-RACK1 wt Protein. Die erhaltenen Daten für die zwei vermessenen Wildtyp Proteine (hRIβ) einmal ohne Fusionsanteil (Abbildung 23; Abbildung 47 A) und einmal mit GFP^2 Fusion (Abbildung 23; Abbildung 47 B) zeigten trotz unterschiedlicher Konzentrationen an aktivem Protein (ohne *tag* sauber gereinigt + Cook-Assay Aktivitätsmessung; mit GFP^2-Fusionsteil nicht sauber gereinigt und Gesamtproteinkonzentration mittels Bradford bestimmt) sehr ähnliche Bindungssignale. Dadurch, dass diese Datensätze untereinander vergleichbar gewesen sind, konnten ebenfalls alle anderen Daten berücksichtigt werden. Zu den generierten Bindungskurven der Konstrukte 1-360Stop (Abbildung 47 C) sowie L366E (Abbildung 47 D) der humanen RIβ lässt sich feststellen, dass die absoluten Resonanzsignale [RU] der entsprechenden Verdünnung höher waren im Vergleich zum Wildtyp Protein. Die Resonanzsignale ergeben sich für eine Massenänderung auf dem Chip nach Bindung des Liganden im Flusssystem an das gekoppelte RACK1 auf der Chipoberfläche. Diese detektierbare Massenänderung wird in Form von Resonanzsignalen [RU] angegeben. Für die N-terminale Deletionsmutante Δ1-92 (Abbildung 47 E) wurde die Verdünnungsreihe zur Messung im Vergleich zu den vorangegangenen Konstrukten erweitert. Die Δ1-92 hRIβ bindet offensichtlich schlechter an His-hRACK1 als die anderen Proteine. Zum besseren Vergleich der Bindungskurven wurde die Konzentrationskurve von 250 nM jedes analysierten R-Dimers gewählt und in einer Graphik (Abbildung 23) zusammengestellt. Als Kontrolle

Ergebnisse

wurde die hRIα auf hRACK1 Bindung analysiert (Abbildung 23). Diese zeigte *in vitro* ein Bindungssignal an RACK1 von 30 RU.

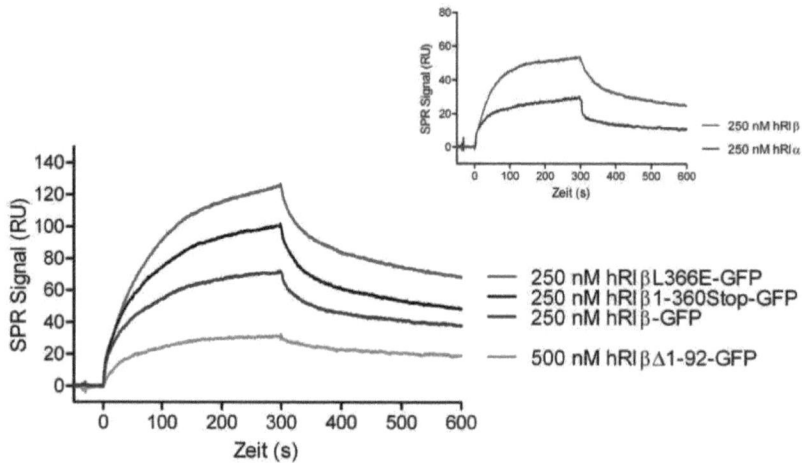

Abbildung 23 ***In vitro*** **Bindung der unterschiedlichen RIβ Konstrukte an His-hRACK1 im direkten Vergleich miteinander.** Alle erhaltenen Bindungskurven, einer ähnlichen Proteinkonzentration, wurden in einer Abbildung zusammengefasst dargestellt. Die GFP²-fusionierten Proteine untereinander und die gereinigten Proteine (hRIα und hRIβ) ohne *tag* in dem *inset* der Abbildung.

Im direkten Vergleich wird deutlich, dass die Mutanten 1-360Stop wie L366E ein doppelt über dem wt liegenden Resonanzsignal von 130 RU (L366E, hellblau) und 100 RU (1-360 Stop, dunkelblau) ergaben. Aufgrund der schlecht zu bestimmenden Konzentration des aktiven Proteins (GFP²-Fusionsproteine) und der geringen Menge, konnten die erhaltenen Daten zur *in vitro* Bindung der RIβ Mutanten nicht quantitativ ausgewertet werden. Allerdings konnte dargestellt werden, dass die Bindung der hRIβ-Konstrukte an RACK1 spezifisch ist, was primäres Ziel dieser Analysen war. Um quantitativ auswertbare Daten der Interaktion zwischen hRACK1 und hRIβ bzw. dem *C. elegans* Homolog kin2 an der Biacore 3000 zu generieren, wurden gereinigte Proteine verwendet, die im Fall von kin2 frisch aufgetaut werden mussten, da sich dieses Protein nicht wiederholt einfrieren und auftauen lässt, ohne seine Funktionalität zu verlieren. In Abbildung 24 ist die gemessene Kinetik der Verdünnungsreihe von hRIβ wt gezeigt. Die schwankenden RU Signale in unterschiedlichen Messungen deuten auf eine instabile hRIβ hin. Aufgrund nicht stabiler RU Signale für die Interaktionsstudien mit hRIβ kann eine quantitative Auswertung der Bindung nur einfach bestimmt werden. Die quantitativen Analysen sollten mit frisch gereinigtem Protein wiederholt werden. Ebenfalls zeigen alle RACK1: RIβ Interaktionsstudien an der Biacore 3000 eine Bindungsstöchiometrie, die keiner 1:1 Bindung der Proteine entspricht (rund 900 RU RACK1 gekoppelt, mit 40-500 RU Bindungssignal für R-UE).

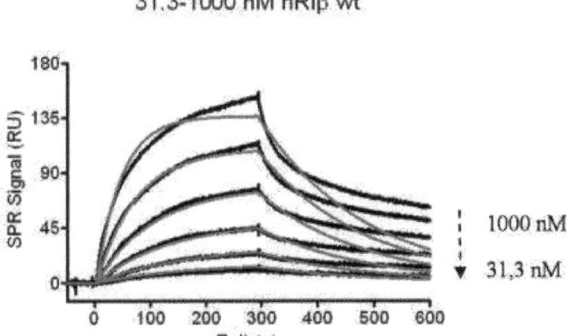

Abbildung 24 Biacore-Interaktionsanalyse von hRIβ wt an His-hRACK1 quantitativ ausgewertet. Konzentrationsreihe der hRIβ wt ohne Fusionsanteil von 7,8 bis 1000 nM Dimer. Die Auswertung erfolgte mittels BIAevaluation Software 4.0.1. Für die Interaktion RIβ wt:RACK1 ergab sich ein K_D Wert von 318 nM. Für die kin2 wt:RACK1 Interaktion (Konzentrationsreihe nicht gezeigt) ein K_D Wert von 320 nM.

Eine quantitativ auswertbare Messung für die hRIβ und die kin2 ergab jeweils einen K_D für die Interaktion mit hRACK1 *in vitro* von rund 300 nM (Abbildung 24).

3.2.2.1 Ansätze zum Nachweis des RACK1 als neues AKAP

Um festzustellen, ob die detektierte Interaktion zwischen hRACK1 und der hRIβ einer klassischen AKAP Interaktion zuzuordnen ist oder nicht, wurde die Bindung von generiertem RIβ Holoenzym mit der hCα an hRACK1 analysiert. Hierzu wurde im BRET^2 System eine Tripeltransfektion in Cos7 Zellen durchgeführt. Um in lebenden Zellen ein Holoenzym vom Typ Iβ zu generieren, wurden die hRIβ-Rluc zusammen mit RFP-hCα (*red fluorescent protein*, um das BRET^2 Signal der RIβ mit hRACK1-GFP^2 nicht zu beeinflussen) exprimiert. Als BRET^2-

Ergebnisse

Interaktionspartner wurde zusätzlich hRACK1-GFP^2 bzw. die einzelnen RACK1 Blades als GFP^2-Fusionsproteine in die Zellen gebracht (siehe Abbildung 25 A und B).

In Abbildung 25 A sind vergleichend die Interaktionssignale der hRIβ:hRACK1 mit den Signalen der Holoenzyme:hRACK1 dargestellt. Bei keiner der untersuchten Interaktionen scheint ein Unterschied zwischen der Bindung von Holoenzym oder RIβ Dimer an hRACK1 zu bestehen. Die Höhe des BRET^2-Signals wird nicht beeinflusst. In Abbildung 25 B wurde ausschließlich Holoenzym mit RACK1 in die Zellen transfiziert, wobei hier die Aktivierung des Holoenzyms und dessen möglicher Einfluss auf die Interaktion mit hRACK1 untersucht werden sollte. Zur Aktivierung wurden die Cos7 Zellen vor der Messung 15 min bei Raumtemperatur mit Forskolin und IBMX behandelt. Wobei Forskolin ein Aktivator der intrazellulären Adenylylzyklasen ist, um intrazellulär größere Mengen an cAMP zu erzeugen, und IBMX ein nicht-selektiver Inhibitor für Phosphodiesterasen (PDEs), der den Abbau von intrazellulärem cAMP verzögern soll. Die Aktivierung des Holoenzyms (RFP-hCα:hRIβ-Rluc) wirkt sich nicht statistisch signifikant auf die Interaktion von RIβ mit hRACK1 aus.

In Abbildung 25 C und D wurde eine Zeitreihe der Aktivierung des Iβ Holoenzyms (hRIβ-Rluc8: GFP^2-hCα) in Anwesenheit von hRACK1-GFP^2 analysiert (bei Verwendung der Emissionsoptimierten Luziferase Rluc8 = *enhanced*BRET^2). Hierzu wurde Forskolin/IBMX in 1x PBS zur Aktivierung der PKA zusammen mit dem Luziferasesubstrat Coelenterazin 400a auf die Zellen gegeben und alle zwei Minuten die BRET^2-Platte gemessen. Nach Auswertung und Normalisierung dieser Zeitreihen ergibt sich für das RIβ wt:hCα Holoenzym eine Aktivierbarkeit von bis zu 35% (Abbildung 25 C). Das gleiche gilt für das Holoenzym der Δ1-92 hRIβ Mutante (Abbildung 25 D). Weiterhin konnte gezeigt werden, dass die Aktivierung des Iβ Holoenzyms in Gegenwart von hRACK1 reversibel ist, das heißt nach Waschen der Zellen und erneuter Zugabe von DBC ist das detektierte BRET^2 Signal wieder nahezu auf Ausgangsniveau (siehe Anhang Abbildung 49).

Ergebnisse

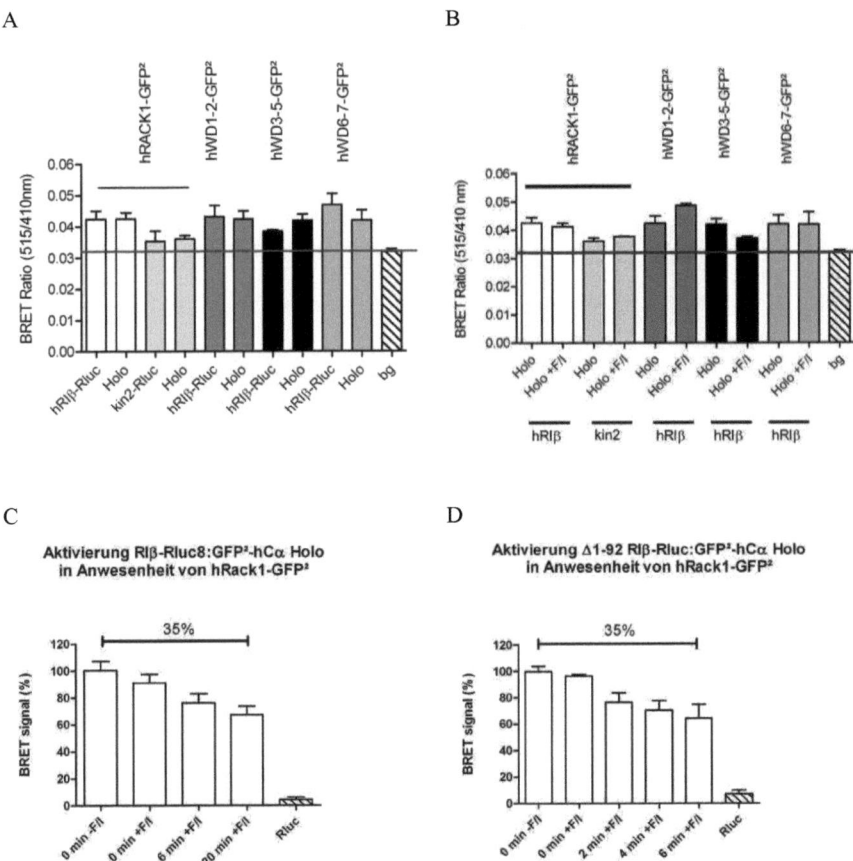

Abbildung 25 Untersuchung des Einflusses der Anwesenheit von katalytischer Untereinheit (hCα) und den Agenzien Forskolin und IBMX (F/I) auf die RACK1-RIβ Interaktion. Die Messung der Interaktionen erfolgte 24 h nach transienter Transfektion der Zellen. Hierzu wurde das Medium von den Zellen genommen, diese einmal mit 1x PBS gewaschen und nach Zugabe von Coelenterazin 400a umgehend gemessen. A Interaktionsstudie zum Einfluss der hCα auf das detektierte Interaktionssignal von hRACK1-GFP² mit hRIβ-Rluc. Vergleichend wurden hier die Interaktionen mit RACK1-GFP² oder RACK1 Mutanten (Abbildung 22) und der R-UE oder dem Holoenzym (hRIβ-Rluc; RFP-hCα) detektiert. Die erhaltenen Daten zeigen keine Unterschiede in der Höhe des Interaktionssignals. B Hier wurde RIβ Holoenzym (siehe A) mit RACK1 Konstrukten transfiziert und 15 min vor der Messung ein Teil der Zellen mit Forskolin/ IBMX (F/I) bei RT inkubiert. Die indirekte Aktivierung der PKA durch F/I zeigt keinen deutlichen Einfluss auf die untersuchte Interaktion zwischen RIβ und RACK1. C Um den Einfluss der Anwesenheit von hRACK1-GFP² auf die Aktivierung des hRIβ Holoenzyms (hRIβ-Rluc; GFP²-hCα) zu

Ergebnisse

Fortsetzung Abbildung 25

untersuchen, wurden Zeitreihen der Aktivierung nach Zugabe von F/I vermessen. Die normalisierten Daten zeigen eine Aktivierung des Holoenzyms bis zu 35% in Anwesenheit von hRACK1-GFP[2]. D Hier wurden die Aktivierungsversuche aus C mit der N-terminalen Deletionsmutante der RIβ (Δ1-92) an Stelle der RIβ wt durchgeführt. Auch hier zeigt sich nach sechs Minuten eine Aktivierung des Holoenzyms bis zu 35%.

Um *in vitro* eine Interaktion bzw. einen Einfluss der hCα auf die Bindung von hRIβ an hRACK1 zu untersuchen, wurde die hCα in einer Konzentration von 1 µM sehr langsam (30 min bei 2 µl/min) über das kovalent gekoppelte hRACK1 in einer Flusszelle der Biacore 3000 gegeben (siehe Abbildung 26). In dieser Abbildung wird deutlich, dass die hCα nicht mit hRACK1 interagiert. Jedoch kann nicht ausgeschlossen werden, dass die katalytisch aktive hCα in mit Mg^{2+}/ATP versetztem Laufpuffer das auf dem Chip immobilisierte hRACK1 phosphoryliert und diese mögliche Modifizierung einen Einfluss auf weitere Bindungsstudien hat.

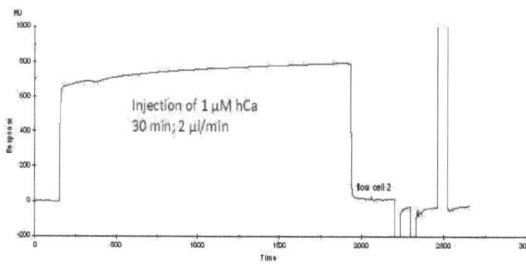

Abbildung 26 Interaktion *in vitro* hCα und hRACK1 auf einer Biacore 3000. Um zu testen, ob die katalytische Untereinheit der PKA in der Lage ist RACK1 zu phosphorylieren oder zu binden, wurde die hCα in Mg^{2+} und ATP haltigem Puffer langsam über das kovalent gekoppelte His-hRACK1 geleitet. Die katalytische Untereinheit zeigt keine Bindung an His-RACK1.

Aus diesem Grund wurde in einer weiteren Flusszelle des verwendeten Biacorechips RGS-His-hRACK1 kovalent gekoppelt. Die folgenden Biacoreanalysen wurden in zwei Flusszellen nacheinander gemessen. Einmal das durch hCα potenziell phosphorylierte hRACK1 und weiterhin in der neu gekoppelten Flusszelle hRACK1. Zum Messen des Holoenzyms Iβ wurde zunächst im Verhältnis 1,3:1 (hRIβ:hCα) *in vitro* Holoenzym gebildet in Anwesenheit von Mg^{2+}/ATP im Laufpuffer (Inkubation 1 h auf Eis). Anschließend wurde mit dem Holoenzym eine Verdünnungsreihe erstellt (siehe Kapitel 7.2). Nach Vergleich des potenziell phosphorylierten hRACK1 mit dem nicht phosphorylierten hRACK1 konnte festgestellt werden, dass kein Unterschied in den aufgenommenen Bindungskurven zu erkennen war. Nach quantitativer Auswertung der Daten ergab sich für die Bindung des Holoenzyms Iβ: hRACK1 ein K_D Wert von etwa 470 nM. Im Vergleich dazu steht der K_D Wert von 300 nM für die hRIβ-Dimer Bindung an hRACK1.

Weiter wurde die Interaktion des Holoenzyms kin2 G95S:hCα mit immobilisiertem hRACK1 gemessen. Das Holoenzym wurde entsprechend wie hRIβ:hCα im einem Reaktionsgefäß gebildet und auf der Biacore 3000 analysiert (Abbildung 48). Auch hier zeigte sich im Vergleich der Daten der zwei Flusszellen kein Unterschied zwischen potenziell phosphoryliertem hRACK1 und nicht phosphoryliertem hRACK1. Nach Auswertung der Daten ergab sich für das kin2 G95S Holoenzym ein K_D Wert von 370 nM für die Interaktion mit hRACK1. Im Vergleich dazu steht für die Interaktion kin2 G95S mit hRACK1 ein K_D von etwa 160 nM (siehe Kapitel 7.2).

3.2.3 Zugabe von Ht31 kann die Interaktion von RACK1 und RIβ nicht unterbinden.

Kompetitionsversuche zum Nachweis einer AKAP: R-UE Interaktion über eine amphipathische Helix beinhalten das Peptid Ht31 sowie das Kontrollpeptid Ht31P. Das Peptid Ht31 ist die amphipathische Helix des hAKAP13 (= *human thyroid-anchoring protein 31* oder AKAP Lbc), einem RII spezifischen A-Kinase Ankerprotein. Das Kontrollpeptid Ht31P enthält in der amphipathischen Helix zwei Proline, welches die Helix unfunktional macht. Zur Kompetition der zu untersuchenden Interaktion wurde einem Versuchsansatz das Peptid Ht31 zugesetzt, um die Interaktion effektiv zu stören, d.h. mit dem zu untersuchenden AKAP um die Bindung an die R-UE zu konkurrieren. In den Kontrollansatz wurde das Peptid Ht31P gegeben. Dieses sollte die zu untersuchende Interaktion nicht mehr stören, da das Peptid nicht mehr funktionell ist. Zu den Versuchen, die in lebenden Zellen durchgeführt wurden, wurde das Ht31 mit einer Fettsäure (Stearinsäure) verestert, um die Peptide membrangängig zu machen (St-Ht31). Für die Versuchsansätze *in vitro* wurde Ht31 ohne Fettsäureanteil verwendet.

Ergebnisse

A

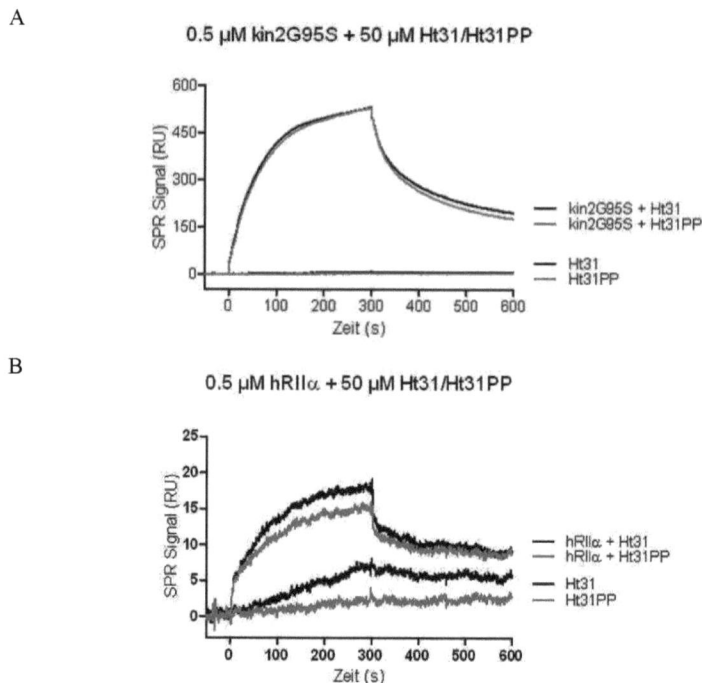

B

Abbildung 27 *In vitro* Kompetitionsversuche der Peptide Ht31 und Ht31P auf die Interaktion hRACK1 mit unterschiedlichen regulatorischen Untereinheiten der PKA. Gemessen wurden in diesem Ansatz jeweils 500 nM des jeweiligen Dimers der R-UE mit jeweils 50 µM Peptid. Zur Kontrolle wurden jeweils 50 µM der Peptide in Laufpuffer über das kovalent an einen Nickel-NTA Chip gekoppelte His-hRACK1 geleitet. In beiden Ansätzen A (kin2 G95S) und B (hRIIα wt, Kontrolle) ist deutlich, dass die verwendeten Peptide keinen Einfluss auf die Bindung der R-UE an hRACK1 nehmen. Ebenfalls binden die Peptide nicht unspezifisch an hRACK1.

Im folgenden Versuchsansatz sollte *in vitro* der Einfluss des Peptids Ht31 sowie Ht31P auf die Interaktionen von verschiedenen R-UE mit hRACK1 untersucht werden. Hierzu wurden jeweils 500 nM R-Dimere mit jeweils 50 µM Peptid versetzt, sowie auch jeweils 50 µM Peptid einzeln auf der Biacore 3000 gemessen. In Abbildung 27 zeigen sowohl die Proben mit Ht31 als auch mit dem Kontrollpeptid Ht31P eine Bindung an hRACK1. Die einzelnen Peptide binden nicht unspezifisch an hRACK1, was durch eine entsprechende Kurve in den Diagrammen (Abbildung 27) dargestellt wurde. Allerdings scheint das verwendete Protein kin2 nicht mehr funktionell gewesen zu sein, da hier im Maximum ein Resonanzsignal von 15 RU erreicht wurde, genau wie im Falle der eingesetzten hRIIα (Kontrolle). Im Vergleich dazu erreicht das Protein Kin2 G95S ein Maximum des Signals bei etwa 550 RU. Ein ebenfalls sehr niedriges Resonanzsignal wurde für die hRIβ erreicht (35 RU), vergleichbar in diesem Experiment mit der hRIα (Daten nicht gezeigt).

Zu der in Abbildung 28 durchgeführten BRET² Interaktionsanalyse wurden Cos7 Zellen mit hRACK1-GFP² und hRIβ-Rluc transfiziert und anschließend für 24 h bei 37°C und 5% CO_2 inkubiert. Vor dem Auslesen der Platte wurden einzelne Vertiefungen mit den Peptiden St-Ht31 sowie St-Ht31P versetzt (jeweils 10 μM) und 15 min bei Raumtemperatur inkubiert. In Abbildung 28 sind keine signifikanten Unterschiede in den erhaltenen BRET²-Signalen zu erkennen. Das verwendete Peptid kann in diesem Versuchsansatz die Interaktion zwischen der RIβ und RACK1 sowie zwischen der kin2 und RACK1 nicht kompetieren. Dass die verwendeten Peptide funktionell sind, wurde in Abbildung 13 gezeigt.

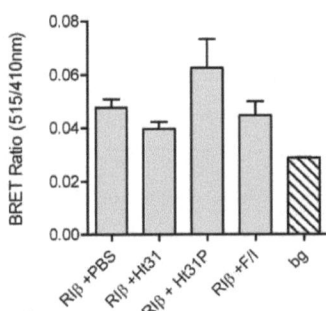

Abbildung 28 Kompetitionsversuche der Interaktion hRACK1 mit der R-UE Iβ der PKA durch Zugabe der Peptide Ht31 und Ht31P. Die Messung der Interaktionen erfolgte 24 h nach transienter Transfektion der Zellen. Hierzu wurde das Medium von Zellen genommen, diese einmal mit 1x PBS gewaschen und nach Zugabe der Agenzien (10 μM) 15 min bei RT inkubiert. Anschließend wurde Coelenterazin 400a zugegeben und die Platte umgehend gemessen. Die Peptide zeigen in diesen zwei Ansätzen keinerlei statistisch signifikanten Einfluss auf die untersuchte Interaktion.

3.2.4 Lokalisationsstudien mittels Immunfluoreszenz

Zur Analyse der RIβ Proteinlokalisation in der Zelle wurden unterschiedliche Immunfluoreszenzfärbungen durchgeführt. Eine Tripeltransfektion der bereits untersuchten Interaktionspartner in Cos7 Zellen mit einem Mitochondrienmarker (Mito-DsRed) zeigt, dass die RIβ in

Ergebnisse

Gegenwart von hRACK1 in unmittelbarer Umgebung zu Mitochondrien lokalisiert (Abbildung 29, Vergrößerung).

Die mit GFP^2 fusionierte hRIβ in Abbildung 29 lokalisiert in Aggregaten oft in direkter Kernperipherie. Das transfizierte hRACK1-Rluc Konstrukt konnte nicht gefärbt werden, da kein Sekundärantikörper mit einem dritten Fluorophor konjugiert, (nicht grün oder rot) zur Verfügung stand. Vergleicht man nun die Proteinlokalisation der Einzeltransfektion hRIβ-GFP^2 (Abbildung 31) mit der Lokalisation der hRIβ-GFP^2 in Anwesenheit von hRACK1 (Abbildung 29) wird deutlich, dass die auftretenden Aggregate bei Einzelexpression um ein Vielfaches größer sind. In Abbildung 37 wurden ebenfalls die BRET^2 Interaktionspartner transfiziert. Hier lokalisiert die hRIβ als Luziferase Fusionsprotein sowohl zytoplasmatisch als auch in kleineren Aggregaten in der Kernperipherie. Die auftretenden Aggregate in direkter Umgebung des Zellkerns sind sowohl mit der hRIβ mit GFP^2- als auch mit Luziferase-Fusionsanteil vorhanden (vgl. Abbildung 29 und Abbildung 37). Die riesigen Aggregate der hRIβ-GFP^2 in Abbildung 31 scheinen nur in Abwesenheit des hRACK1 Konstruktes möglich zu sein.

In Abbildung 30 wurde, komplementär zur vorherigen Abbildung 29, hRACK1 als GFP^2 Fusionsprotein in Cos7 Zellen transfiziert. Im Hintergrund sollte die hRIβ-Rluc von den Zellen exprimiert werden. Zur Identifizierung der Lokalisation des hRACK1 Konstruktes in Anwesenheit von hRIβ wurde der Mitochondrienmarker Mito-DsRed mit in die Zellen gebracht.

| RIβ-GFP² | Mito-DsRed | DAPI | OL |

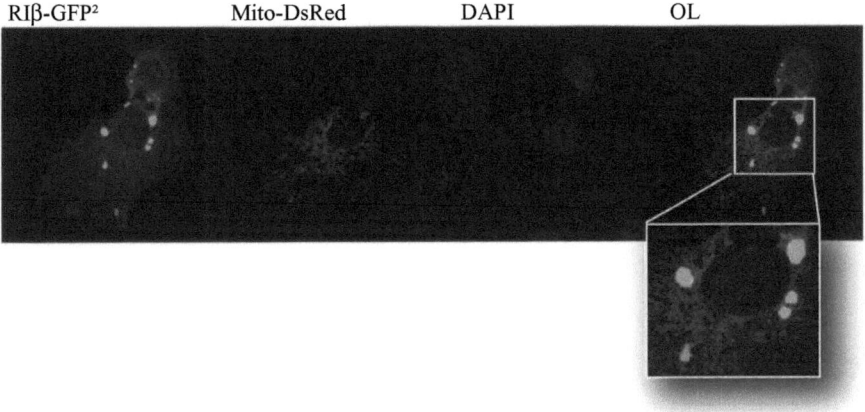

Abbildung 29 Kolokalisation von hRIβ wt-GFP² mit dem Mitochondrienmarker Mito-DsRed in Cos7 Zellen. Im Hintergrund (ohne Färbung) wurde hRACK1-Rluc mit transfiziert. Nach der Transfektion mit Polyethylenimin (PEI) erfolgte die Proteinexpression für 24 h bei 37°C und 5% CO_2. Fixiert wurde mit 3,6 % Formaldehyd. Im Bildausschnitt (weißer Rahmen, rechts) wurde ein Teil des überlagerten Bildes vergrößert dargestellt. Sowohl Mitochondrien (rot) als auch die hRIβ wt-GFP² (grün) lokalisieren primär in der Kernperipherie. Die relativ großen RIβ Aggregate sind immer von Mitochondrien umgeben.

hRACK1-GFP² lokalisiert in den Zellen sowohl zytoplasmatisch (Abbildung 30, grüne Fluoreszenz) als auch in direkter Nähe zu den rot fluoreszierenden Mitochondrien in der Zelle (Abbildung 30, Vergrößerung). Beim Vergleich der Abbildung 29 und Abbildung 30 zeigten sowohl hRIβ-GFP² als auch hRACK1-GFP² in Anwesenheit des jeweiligen Interaktionspartners (RACK1 bzw. hRIβ im Hintergrund), eine sehr ähnliche Lokalisation in der Zelle. Beide Konstrukte kamen in direkter Nähe zu Mitochondrien vor.

Ergebnisse

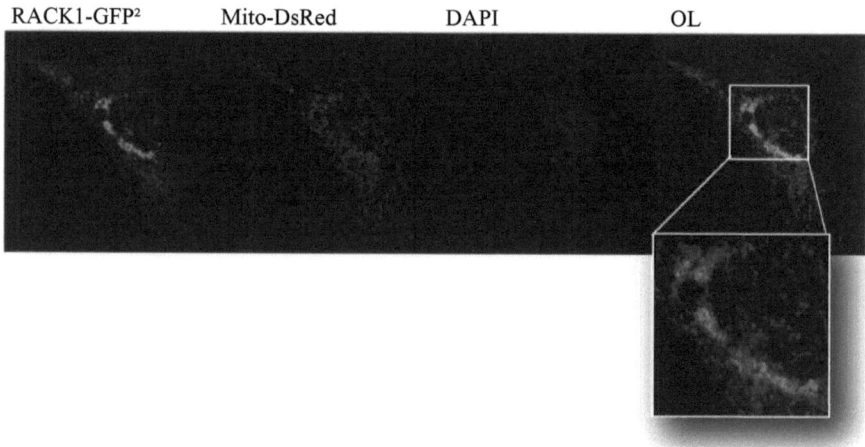

| RACK1-GFP² | Mito-DsRed | DAPI | OL |

Abbildung 30 Kolokalisation von hRACK1 wt-GFP² mit dem Mitochondrienmarker Mito-DsRed in Cos7 Zellen. Im Hintergrund (ohne Färbung) wurde hRIβ-Rluc mit transfiziert. Nach der Transfektion mit Polyethylenimin (PEI) erfolgte die Proteinexpression für 24 h bei 37°C und 5% CO_2. Fixiert wurde mit 3,6 % Formaldehyd. Im Bildausschnitt wurde ein Teil des überlagerten Bildes vergrößert dargestellt. Sowohl Mitochondrien (rot) als auch die hRACK1 wt-GFP² lokalisieren unter anderem in der Kernperipherie, wobei das hRACK1-GFP² Fusionsprotein von Mitochondrien umgeben ist.

3.2.5 Fluoreszenzfärbung der Einzeltransfektionen mit Propidiumiodid

Die intrazelluläre Lokalisation der im BRET²-System verwendeten Konstrukte sollte bei Einzelexpression der Fusionsproteine überprüft werden. Zur Detektion apoptotischer Zellen (bzw. fragmentierter DNA) wurden die Zellen mit Propidiumiodid (4 µg/µl) gefärbt. Um eine Färbung der vorhandenen RNA zu unterbinden, wurde dem verwendeten Puffer RNAse A zugesetzt. Propidiumiodid wurde mit Licht einer Wellenlänge von 540 nm angeregt und emittiert Licht bei einem Maximum der Wellenlänge von 608 nm (Sicherheitsdatenblatt, Sigma-Aldrich, Cat. Nr. 81845). Propidiumiodid (PI) ist nicht zellpermeabel, was eine Fixierung und Permeabilisierung der Zellen notwendig macht, um eine PI Färbung in intakten Zellen zu erreichen. Anders ist dieses bei apoptotischen Zellen.

In Abbildung 31 wurde die hRIβ als GFP²-Fusionsprotein in Cos7 Zellen transfiziert und für 24 h exprimiert. Die Zellen wurden fixiert mit 3,6% Formaldehyd und anschließend für 5 min mit PI-Lösung (4 µg/µl) gefärbt. Nach Einbetten der Zellen in *anti-fade reagent* der Firma

Invitrogen und Trocknen der Präparate wurden diese im Konfokalen Fluoreszenz Lasermikroskop der Abteilung Tierphysiologie der Universität Kassel untersucht.

hRIβ wt-GFP²   PI   DAPI   OL

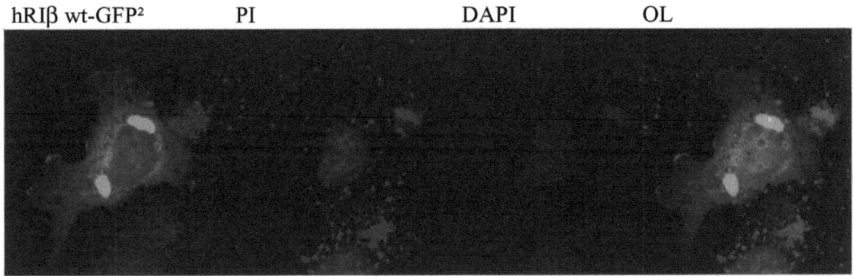

Abbildung 31 Lokalisationsstudien der hRIβ wt-GFP² in Cos7 Zellen. Nach der Transfektion mit Polyethylenimin (PEI) erfolgte die Proteinexpression für 24 h bei 37°C und 5% CO_2. Fixiert wurde mit 3,6 % Formaldehyd. Die Färbung mit Propidiumiodid (4 µg/µl) erfolgte für 10 min bei RT.

Die Expression der hRIβ zeigte in einigen Zellen sehr große Aggregation in der Kernperipherie (Abbildung 31). Ebenso konnte eine zytoplasmatische wie membranständige Lokalisation festgestellt werden. Während der Durchsicht des Präparates fiel auf, dass sehr viele der Zellen bereits fast vollständig zerstört gewesen sind. Es konnten viele DNA Fragmente (siehe Abbildung 31, rote Fluoreszenz) detektiert werden, die in den Kontrollfärbungen (siehe Abbildung 36) absolut nicht nachweisbar waren. Dass auch die Transfektion nicht an dem hier auftretenden Zelltod verantwortlich ist, ließ sich in Abbildung 32 darstellen. Hier wurde das GFP² fusionierte hRACK1 Protein in die Zellen transfiziert und weder in der PI noch in der DAPI Färbung der DNA waren Fragmente bzw. Aggregate vergleichbar mit denen aus Abbildung 31 erkennbar.

hRACK1 wt-GFP²   PI   DAPI   OL

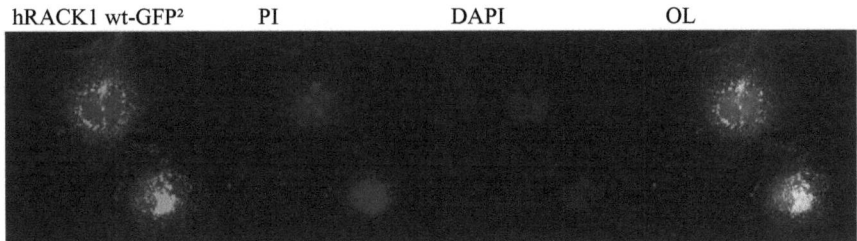

Abbildung 32 Lokalisationsstudien von hRACK1 wt-GFP² in Cos7 Zellen. Nach der Transfektion mit Polyethylenimin (PEI) erfolgte die Proteinexpression für 24 h bei 37°C und 5% CO_2. Fixiert wurde mit 3,6 % Formaldehyd. Die Färbung mit Propidiumiodid (4 µg/µl) erfolgte für 10 min bei RT.

Ergebnisse

Die Lokalisation des hRACK1-GFP^2 in Cos7 Zellen zeigte eine sehr ähnliche Lokalisation in den Zellen, wie bei Kotransfektion mit der hRIβ (Abbildung 30). Es traten kleine perinukleäre Aggregate auf. In der PI Färbung waren keinerlei DNA Fragmente außerhalb der Zelle zu erkennen. Ganz im Gegenteil zu Abbildung 33. Hier zeigten sich sehr viele kondensierte DNA-Fragmente außerhalb des Zellkerns, bzw. auch außerhalb der Zelle.

Die sehr großen und deutlichen rot fluoreszierenden DNA Fragmente in Abbildung 33 zeigen einen sehr weit fortgeschrittenen Zelltod an. Ebenso waren in dem Präparat vergleichsweise wenige, GFP^2 exprimierende, intakte Zellen zu sehen. Die Morphologie der vorhandenen Zellen war stark verändert, im Vergleich zu hRACK1-GFP^2 transfizierten Zellen.

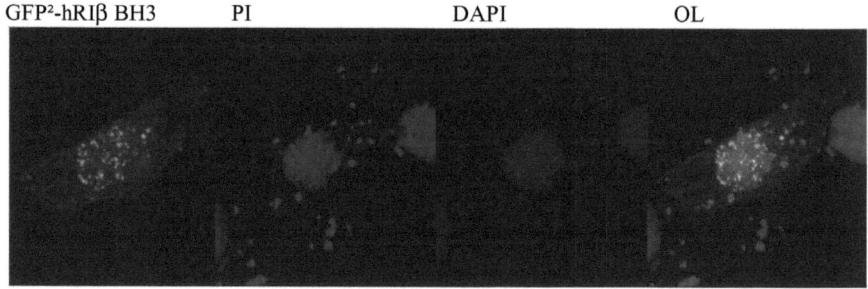

Abbildung 33 Lokalisationsstudien der potenziellen BH3 Domäne der hRIβ mit GFP^2 fusioniert in Cos7 Zellen. Nach der Transfektion mit Polyethylenimin (PEI) erfolgte die Proteinexpression für 24 h bei 37°C und 5% CO_2. Fixiert wurde mit 3,6 % Formaldehyd. Die Färbung mit Propidiumiodid (4 µg/µl) erfolgte für 10 min bei RT.

Die Expression der hRIβ Δ1-92 zeigte eine zytoplasmatische Lokalisation des GFP^2 Fusionsproteins (Abbildung 34). Teilweise wurden auch kleinere Vakuolen in den Zellen deutlich. Die GFP^2 Fluoreszenz war nicht mehr sehr hoch in diesem Präparat. Weiterhin lässt sich von der PI Färbung sagen, dass auch bei der Expression dieses Konstruktes einige kleinere DNA Aggregate auftauchten. Einer der dargestellten Zellkerne zeigte eine noch deutlich vom Zytoplasma abgegrenzte Morphologie, während der zweite (links in Abbildung 34) möglicherweise kondensierte oder fragmentierte DNA im Kern aufwies, ebenso wie bereits deutliche Deformierungen in seiner Struktur.

hRIβ Δ1-92-GFP²   PI   DAPI   OL

Abbildung 34 Lokalisationsstudien der hRIβ Δ1-92-GFP² in Cos7 Zellen. Nach der Transfektion mit Polyethylenimin (PEI) erfolgte die Proteinexpression für 24 h bei 37°C und 5% CO_2. Fixiert wurde mit 3,6 % Formaldehyd. Die Färbung mit Propidiumiodid (4 µg/µl) erfolgte für 10 min bei RT. Die Lokalisationsstudien zu diesem Protein ergaben eine sehr variable Lokalisation des Proteins in unterschiedlichen Zellen. Einige Zellen des Präparates weisen eine „wildtyp-ähnliche" Lokalisation in der Zelle auf, ebenso wie kleinere Aggregate in der Kernperipherie auftauchten und eine vollständige zytoplasmatische Verteilung (siehe oben dargestellt).

Bei der Expression der C-terminalen Deletionsmutante 1-360 Stop in Abbildung 35 waren die größeren Aggregate in der Kernperipherie, wie sie bereits bei der Expression des hRIβ wt-GFP² Konstrukts (Abbildung 31) auftauchten, deutlich zu erkennen. Auch hier ist die Expressionshöhe des GFP² sehr deutlich, die Zellkerne zeigen weder in der PI Färbung noch in der DAPI Färbung eine ausgeprägt veränderte Morphologie, die auf apoptotische Veränderungen in der Zelle hindeuten könnte.

hRIβ 1-360Stop-GFP²   PI   DAPI   OL

Abbildung 35 Lokalisationsstudien der hRIβ 1-360Stop-GFP² in Cos7 Zellen. Nach der Transfektion mit Polyethylenimin (PEI) erfolgte die Proteinexpression für 24 h bei 37°C und 5% CO_2. Fixiert wurde mit 3,6% Formaldehyd. Die Färbung mit Propidiumiodid (4 µg/µl) erfolgte für 10 min bei RT.

Ergebnisse

A
PI　　　　　　　　DAPI　　　　　　　OL

B
PI　　　　　　　　DAPI　　　　　　　OL

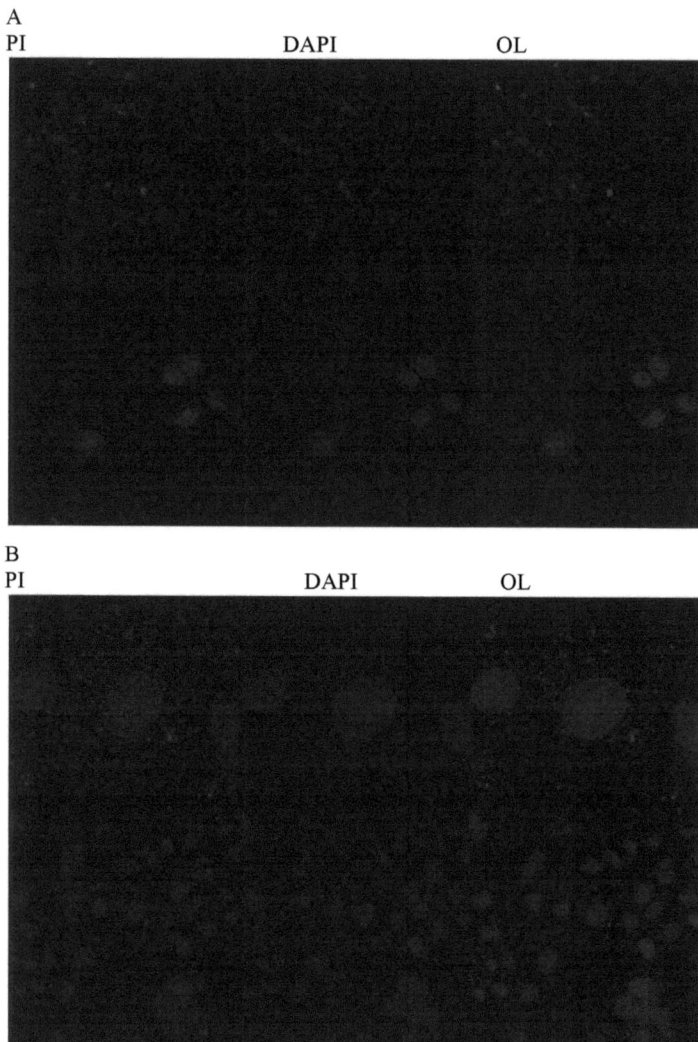

Abbildung 36 Kontrollfärbung nicht transfizierter Cos7 Zellen mit Propidiumiodid in DAPI Einbettmedium. A Die Zellen wurden 24 Stunden nach Aussaat fixiert, permeabilisiert und anschließend mit Propidiumiodid gefärbt. In der Abbildung oben sind Zellen unter der 20-fachen Vergrößerung dargestellt. Unten in der Abbildung wurden nicht transfizierte Zellen in der 40-fachen Vergrößerung dargestellt. **B** Rluc Leervektor transfiziert in Cos7 Zellen und nach 24 h Expression wurden diese fixiert und mit PI gefärbt. Die Expression des Luziferase Konstruktes lässt sich in dieser Abbildung nicht darstellen, allerdings wird deutlich, dass auch die Transfektion im Vergleich zu A keine DNA Kondensierung in den Zellen auslöst.

Ergebnisse

Eine Kontrollfärbung nicht transfizierter Cos7 Zellen, fixiert und permeabilisiert mit Propidiumiodidfärbung, ist in Abbildung 36 A dargestellt. Die Abbildungen 37 A oben zeigten einige Zellen in einer 20-fachen Vergrößerung. Alle Zellkerne hatten eine runde bzw. ovale Form und waren deutlich abgegrenzt. Es sind keinerlei kleine Aggregate außerhalb der Zellkerne zu sehen gewesen. Unten in Abbildung 36 A wurden wenige Zellen vergrößert dargestellt. Dieses sollte verdeutlichen, dass auch in den Zellkernen der nicht transfizierten Cos7 Zellen keine Anzeichen von DNA Kondensation oder Fragmentierung, die auf Apoptose schließen ließen, zu erkennen waren.

In Abbildung 36 B wurde eine Luziferase ohne Fusionsanteil in Cos7 transfiziert und diese nach 24 Stunden Proteinexpression mit 3,6% Formaldehyd fixiert. Nach der Fixierung wurden die Zellen mit Propidiumiodid (4 µg/µL) für 10 min bei RT gefärbt. Wobei die exprimierte Luziferase hier nicht angefärbt wurde. Nach Erfahrungswerten sollte die Einzeltransfektionsrate mit PEI in Cos7 Zellen bei etwa 70-80% liegen. Auch bei dieser Kontrollfärbung lassen sich keinerlei DNA Kondensationen oder Fragmentierung in den Zellkernen der fixierten Zellen feststellen. Die Zellkerne zeigen alle eine scharfe Abgrenzung zum Zytoplasma, was auf lebende, nicht-apoptotische Zellen schließen lässt.

Zusammenfassend zu den Einzeltransfektionen lässt sich sagen, dass die zusätzliche Färbung mit Propidiumiodid, in hRIβ-exprimierenden Zellen zeigt, dass ein großer Teil der Zellpopulation Anzeichen von Apoptose aufweisen. Diese werden hier in Form von DNA Kondensation bzw. Fragmentierung im Zellkern und undeutlicher Kernabgrenzung zum Zytoplasma deutlich. Im Vergleich dazu zeigt die Expression von hRACK1-GFP² Konstruktes keinerlei Degradationsanzeichen. Ebenso die Kontrollfärbungen nicht transfizierter Cos7 Zellen sowie nach Transfektion des Luziferase Leervektors.

3.2.5.1 Kotransfektion der Interaktionspartner

Nach separater Lokalisationsanalyse der einzeln transfizierten potenziellen Interaktionspartner, wurden die mittels BRET² System erfolgreichen Kombinationen potentieller Interaktionspartner transfiziert und mittels Immunfluoreszenzfärbungen die subzelluläre Lokalisation visualisiert.

In Abbildung 37 wurden die Konstrukte hRACK1 R36D/K38E–GFP² zusammen mit hRIβ wt-Rluc in Cos7 Zellen exprimiert. Das Einbringen der Doppelmutation R36D/K38E

Ergebnisse

(hRACK1 DM-GFP²) hat für das RACK1 Protein zur Folge, dass eine Lokalisation an Ribosomen verhindert wird (Coyle et al., 2009). Ist die Interaktion der RIβ mit RACK1 an Translationsprozessen beteiligt, hat diese Mutation möglicherweise Einfluss auf die hier analysierte Interaktion. Während die Mutation R36D/K38E im humanen RACK1 scheinbar keinen Einfluss auf die Lokalisation des Proteins hat (ebenfalls im BRET² System keinen Einfluss auf die Interaktion mit hRIβ zeigt), weist die hRIβ mit Luziferasefusion eine Lokalisation sowohl membranständig als auch Aggregate in der Kernperipherie und im Zytoplasma. In der unmittelbaren Kernperipherie zeigt sich im OL der Abbildung 37 eine teilweise Kolokalisation (gelb gefärbt) der untersuchten Proteine.

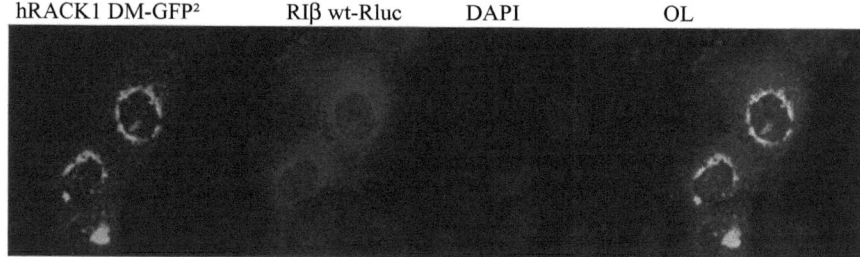

Abbildung 37 Kolokalisationsstudien von hRACK1-GFP² mit hRIβ wt-Rluc in Cos7 Zellen. Nach der Transfektion mit Polyethylenimin (PEI) erfolgte die Proteinexpression für 24 h bei 37°C und 5% CO_2. Fixiert wurde mit 3,6 % Formaldehyd. Die Immunfluoreszenzfärbung der Luziferase-fusionierten Proteine erfolgte mittels Primärantikörper gegen *Renilla* Luziferase (1:1000) und Sekundärantikörper Anti-Maus Cy3 Konjugat (1:1000).

Vergleicht man im Falle der RIβ-Expression, die Lokalisation die Einzeltransfektion des GFP² Fusionskonstruktes (Abbildung 31) mit der Lokalisation des Luziferase kombinierten Proteins in Abbildung 37 zeigte sich eine unterschiedliche Lokalisation der Proteine. hRIβ wt-GFP² bildete große Aggregate an der Kernperipherie, wohingegen hRIβ wt-Rluc vorwiegend zytoplasmatisch lokalisiert. Möglicherweise liegt die Lokalisationsänderung des Proteins an der Anwesenheit von hRACK1-GFP². Denkbar ist allerdings auch, dass der Primärantikörper gegen die Luziferase nicht in der Lage ist in die Aggregate einzudringen, um die dort lokalisierende hRIβ zu markieren. Die Lokalisation des hRACK1-GFP² scheint nicht von der Anwesenheit der hRIβ beeinflusst gewesen zu sein. In Abbildung 38 lokalisiert hRACK1-GFP², ebenso wie in vorangegangenen Abbildungen, in der Kernperipherie der Zelle. Die N-terminale Deletionsmutante der hRIβ (Δ1-92) fand sich sowohl teilweise zytoplasmatisch als auch in der Nähe des Zellkerns. In der Bildüberlagerung (OL, Abbildung 38) ist eine teilweise

Kolokalisation der potenziellen Interaktionspartner festzustellen. Die DNA-Färbung mittels DAPI Reagenz zeigt im Falle der Kotransfektion der Δ1-92 RIβ mit hRACK1 eine partielle Kondensation der DNA im Zellkern.

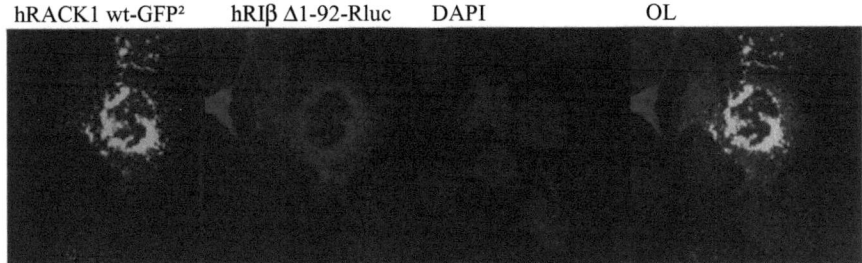

Abbildung 38 Kolokalisationsstudien von hRACK1-GFP² mit hRIβ D1-92-Rluc in Cos7 Zellen. Nach der Transfektion mit Polyethylenimin (PEI) erfolgte die Proteinexpression für 24 h bei 37°C und 5% CO_2. Fixiert wurde mit 3,6 % Formaldehyd. Die Immunfluoreszenzfärbung der Luziferase-fusionierten Proteine erfolgte mittels Primärantikörper gegen *Renilla* Luziferase (1:1000) und Sekundärantikörper Anti-Maus Cy3 Konjugat (1:1000).

Im Vergleich zu den vorangegangenen Abbildungen zeigt sich Bei Transfektion des C-Terminus der hRIβ (potenzielle BH3-Domäne) zusammen mit hRACK1 eine veränderte Lokalisation des hRACK1-GFP² (siehe Abbildung 39).

Mindestens genauso auffällig sind die in den Zellen auftretenden Vakuolen. Diese sind in diesem Ausmaß ausschließlich bei der Expression des C-Terminus der hRIβ in Kombination mit hRACK1 zu beobachten (in geringerem Maße auch bei weiteren RIβ Konstrukten, siehe Abbildung 34). Die Lokalisation des Luziferase-kombinierten C-Terminus der RIβ zeigt sich fast ausschließlich zytoplasmatisch. Möglicherweise ist dieses auf die potenziell regulativ aktiven Domänen des Proteins zurückzuführen, die in diesem Konstrukt fehlen.

Ergebnisse

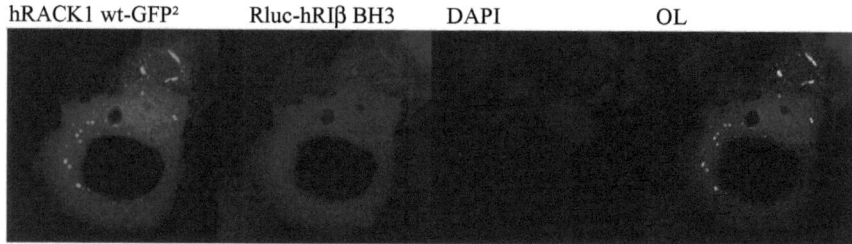

Abbildung 39 Kolokalisationsstudien von hRACK1-GFP² mit Rluc-hRIβ BH3 in Cos7 Zellen. Nach der Transfektion mit Polyethylenimin (PEI) erfolgte die Proteinexpression für 24 h bei 37°C und 5% CO_2. Fixiert wurde mit 3,6% Formaldehyd. Die Immunfluoreszenzfärbung der Luziferase-fusionierten Proteine erfolgte mittels Primärantikörper gegen *Renilla* Luziferase (1:1000) und Sekundärantikörper Anti-Maus Cy3 Konjugat (1:1000).

In der DNA Färbung der Zellen mittels DAPI ist zu erkennen, dass die Konturen der Kernhülle nicht mehr klar zu definieren sind. Die Morphologie des Kerns ist nicht länger rund bzw. oval. Es bilden sich kleinere Ausläufer in das Zellplasma.

Anhand der bisher erlangten Ergebnisse zur Interaktion zwischen hRACK1 und hRIβ, sowie der deutlich veränderten Morphologie der Zellen, die den C-Terminus der RIβ zusammen mit hRACK1 exprimieren, gilt es eine mögliche biologische Funktion dieser Interaktion zu finden.

3.3 Test auf Apoptoseinduktion in Cos7 Zellen

Da die Isoform Iβ der PKA kommt endogen unter anderem stark in neuronalem Gewebe vor, ergab sich im Verlauf dieser Arbeit die Hypothese, dass die gefundene Interaktion möglicherweise an neurodegenerativen Prozessen beteiligt sein könnte. Die gefundene Vakuolenbildung bei Transfektion des C-Terminus der hRIβ (BH3-Domäne) war hierbei ausschlaggebend, und erlaubt die Hypothese, dass der C-Terminus der hRIβ eine potenziell funktionelle BH3-Domäne enthält. Die Vakuolenbildung wird nach Expression der hRIβ-Konstrukte induziert und erreicht ein maximales Ausmaß (Abbildung 39) bei Expression der potentiellen BH3-Domäne der hRIβ in Kombination mit RACK1. Bereits publizierte *BH3-only* Proteine wirken alle proapoptotisch (Shamas-Din et al., 2010).

Als einen Hinweis auf eine apoptotische Wirkung der Interaktion hRACK1 mit dem BH3-Konstrukt der RIβ liefert zunächst die teilweise deutlich auftretende DNA Kondensation im Zellkern (siehe z.B. Abbildung 38, DAPI Färbung). Um im Falle des Phänotyps der Vakuolenbildung (RIβ-BH3 mit hRACK1) eine möglicherweise DNA Kondensation zu zeigen, wurden die folgenden Immunfluoreszenzfärbungen durchgeführt.

3.3.1 Kotransfektion der Rluc-BH3 + RACK1-GFP² + PI

Eine Kotransfektion von hRACK1-GFP² mit Rluc-BH3 hRIβ hat in Abbildung 39 einen deutlichen Phänotyp der verwendeten Cos7 Zellen zur Folge. Aus diesem Grund wurde nun diese Kombination erneut gewählt. Dieses Mal wurde an Stelle der Luziferase ein weiterer DNA Marker, Propidiumiodid (PI), verwandt. In lebenden Zellen ist dieser nicht zellpermeabel, sodass der Farbstoff sehr oft zur Differenzierung von lebenden und toten Zellen im Durchflusszytometer Anwendung findet. Eine Analyse mit Formaldehyd-fixierten Zellen erfordert vor der PI Färbung der Zellen eine Behandlung mit RNAse A, da der Farbstoff RNA ebenso anfärbt wie DNA.

In Abbildung 40 ist die Lokalisation des hRACK1-GFP² Konstruktes in der Kernperipherie deutlich. Im Hintergrund sollte Rluc-hRIβ BH3 exprimiert werden, was in diesem Versuchsansatz allerdings nicht eindeutig nachgewiesen werden konnte. In der Propidiumiodid-Färbung lässt sich eine deutliche DNA Kondensation in Zellen, die hRACK1-GFP² exprimieren, zeigen (Abbildung 40, PI Färbung).

Ergebnisse

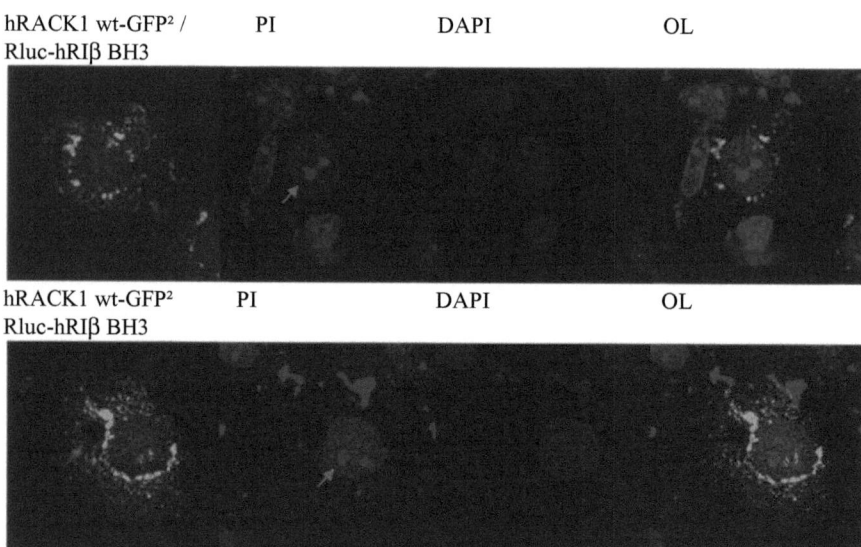

Abbildung 40 Kotransfektionsstudien von hRACK1-GFP² mit Rluc-hRIβ BH3 in Cos7 Zellen. Nach der Transfektion mit Polyethylenimin (PEI) erfolgte die Proteinexpression für 24 h bei 37°C und 5% CO_2. Fixiert wurde mit 3,6% Formaldehyd. Die Färbung mit Propidiumiodid (4 µg/µl) erfolgte für 10 min bei RT. Dargestellt wurden zwei Bilderserien der gleichen Fluoreszenzfärbung, um zu zeigen, dass in Zellen, die hRACK1-GFP² exprimieren und potenziell ebenfalls Rluc-hRIβ BH3 enthalten, die DNA im Zellkern hauptsächlich kondensiert vorliegt (Pfeil in PI Färbung). Mit einem weiteren Pfeil wurden in den Zellen auftretende Vakuolen in der GFP-Fluoreszenz gekennzeichnet.

Die Anwesenheit des Rluc-hRIβ BH3 Konstruktes lässt sich anhand der auftretenden Vakuolen (roter Pfeil) vermuten. In der DAPI Färbung lässt sich die kondensierte DNA nicht eindeutig darstellen, wie es mit der PI Färbung möglich ist, obwohl beide Farbstoffe mit der DNA interkalieren. Die eindeutige DNA Kondensation liefert ein weiteres Indiz dafür (zusätzlich zu den auftretenden Vakuolen in Cos7 Zellen), dass die hRIβ (hier vor allem der C-Terminus des Proteins) im Zusammenwirken mit RACK1, an proapoptotischen, möglicherweise auch neurodegenerativen Prozessen beteiligt ist.

3.3.2 DNA Leiter

Zur weiteren Untersuchung der aufgestellten Hypothese, dass die hRIβ möglicherweise zusammen mit hRACK1 an Signalwegen des programmierten Zelltods in neuronalem Gewebe beteiligt sein könnte, wurde ein klassischer Nachweis der Apoptose durchgeführt. Hierbei

Ergebnisse

kann zwischen Apoptose und Nekrose in Zellen unterschieden werden. Bei nekrotischem Zelltod („zufälliger Zelltod") findet im Gegensatz zur Apoptose („programmierter Zelltod") keine definierte DNA Degradation im Zellkern statt. Das heißt, wird nukleäre DNA aus sterbenden Zellen isoliert, zeigt diese im Falle der Apoptose eine definierte DNA Leiter in einem Agarosegel, wohingegen die DNA aus nekrotischen Zellen als ein „Schmier" im Gel sichtbar wird.

Nach mehrfachem Wiederholen des Tests wurde deutlich, dass die RIβ Deletionskonstrukte BH3 sowie Δ1-92 einzeln als auch in Kombination mit hRACK1 ein definiertes Bandenmuster in einem Agarosegel liefern. Hierbei wurden $1 \cdot 10^5$ Cos7 Zellen ausgesät und transfiziert. Die Expression der Fusionsproteine erfolgte für 24 Stunden bei 37°C. Anschließend wurden die Zellen nach Angaben des *DNA ladder Kits* (Fa. Promokine) geerntet und die DNA extrahiert.

Auch nach mehrmaligem Durchführen des Versuchs, konnte kein optimales Ergebnis mit dem *DNA ladder Kit* erzielt werden. Einige Probenverluste traten immer auf. Allerdings macht dieses im Anhang in Abbildung 50 dargestellte Ergebnis, eines der durchgeführten Versuchsansätze deutlich, dass die Kombination der untersuchten Fusionsproteine offensichtlich eine DNA Fragmentierung auslösen kann. Dieses kann als ein weiterer Hinweis auf apoptotische Signalwege durch die hRIβ gewertet werden. Da in den Gelspuren in Abbildung 50 kein DNA Schmier zu erkennen ist und in den gezeigten Immunfluoreszenzfärbungen keine für Nekrose typischen Morphologien auftreten (Ausstülpungen der Zellmembran sowie Anschwellen der Zellen), konnten nekrotische Zellveränderungen weitestgehend ausgeschlossen werden.

3.3.3 Caspase-Assay

Nachdem die DNA Fragmentierung in hRIβ und hRIβ:hRACK1 transfizierten Zellen als ein wichtiger Hinweis auf Apoptose gezeigt werden konnte (siehe Abbildung 50), sollte im folgenden die Abhängigkeit des auftretenden programmierten Zelltods von endogenen Caspasen untersucht werden. In Folge von klassischen apoptotischen Signalwegen in der Zelle, werden nacheinander unterschiedliche Caspasen aktiviert, die sich durch Zugabe von Caspasesubstrat (in diesem Fall an Rhodamin 110 gekoppelt) nachweisen lassen. Allerdings wurden mittlerweile auch einige Caspase unabhängige Apoptosewege publiziert (siehe Kapitel 1.6), wie beispielsweise die Paraptose.

Ergebnisse

In diesem Versuchsansatz wurde das *Homogeneous Caspases Assay Kit (fluorimetric)* der Firma Roche verwendet. Dieses ermöglicht die fluorimetrische Detektion des Caspasesubstrats (DEVD-R110, Asp-Glu-Val-Asp-Rhodamin 110) in einem Mikrotiterplattenlesegerät. Sind Caspasen in den untersuchten Zellen aktiv, wird das zugegebene, markierte Substrat DEVD-R110 umgesetzt, und ein Fluoreszenzsignal für Rhodamin 110 bei einer Wellenlänge von 521 nm detektiert. Das Signal des freigesetzten Fluorochroms Rhodamin 110 ist proportional zur Aktivität der endogenen Caspasen. Zusätzlich zu der im Kit enthaltenen Positivkontrolle wurden in diesem Versuchsansatz nicht transfizierte Cos7 Zellen mit 1 µM Staurosporin für 4 Stunden inkubiert, bevor der Test durchgeführt wurde (siehe Abbildung 41). Alle verwendeten Konstrukte der hRIβ alleine, sowie in Kombination mit hRACK1 zeigen in drei biologischen Versuchswiederholungen keine detektierbare Caspaseaktivität in Cos7 Zellen. Während die Positivkontrollen beide ein Signal von 1-2 µM freiem Rhodamin geben, liegt die Konzentration dieses freien Fluorochroms in den transfizierten Zellen nie signifikant über dem Hintergrundsignal (nicht transfizierte Zellen). Als interne Negativkontrollen wurden Zellen sowohl mit der Luziferase allein, als auch mit einer hRIα transfiziert. Alle Signale liegen etwa 10-fach unter dem Wert für die Positivkontrollen, und auf gleicher Signalhöhe wie die nicht transfizierten Cos7 Zellen.

Zusammengefasst erreichte die transfizierte, potenzielle BH3 Domäne der hRIβ bei Einzeltransfektion eine Konzentration an freiem Rhodamin 110 von 0,18 µM, während in Kombination mit hRACK1 eine Konzentration von 0,94 µM nachgewiesen wurde. Die Transfektion der hRIα (0,074 µM) liegt im Vergleich zur transfizierten hRIβ (0,16 µM) sogar unterhalb der Rhodaminkonzentration für nicht transfizierte Zellen (0,13 µM).

Nach diesem Versuch lässt sich sagen, dass die auftretenden Phänotypen der Zellen nach Transfektion mit hRIβ Konstrukten eindeutig keine Aktivierung endogener Caspasen zu Grunde liegt. Ein programmierter Zelltod ist durch die detektierten DNA Fragmente, in Abbildung 50 sowie der DNA Kondensation in den Fluoreszenzbildern dargestellt (Abbildung 40), dennoch weiterhin nahe liegend. Der auftretende Zelltod ist jedoch nach diesem Experiment Caspase unabhängig.

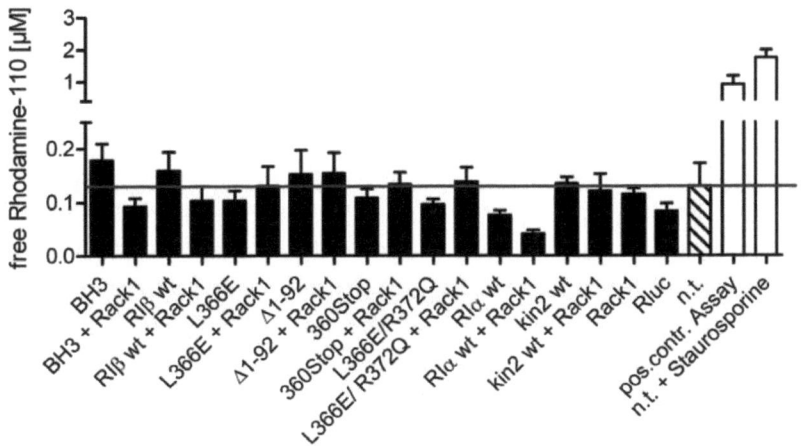

Abbildung 41 Darstellung des durchgeführten fluorimetrischen Caspase-Assays der Firma Roche (*homogeneous caspases assay, fluorimetric*). Der Assay wurde in schwarzen Flachloch-96-well Platten mit klarem Boden durchgeführt. Zur Transfektion wurden nach Herstellerangaben $2 \cdot 10^4$ Zellen pro well ausgesetzt und nach 24 h mit PEI transfiziert entsprechend den vorangegangenen BRET^2 Versuchen. Die Proteinexpression erfolgte für 24 h bei 37°C und 5% CO_2. Transfiziert wurden jeweils die unterschiedlichen Konstrukte der humanen RIβ mit Rluc Fusion sowie von hRACK1mit GFP^2 Fusionsteil. Ebenso wurden alle RIβ-Konstrukte jeweils zusammen mit hRACK1-GFP^2 exprimiert. Kontrolltransfektionen waren hRIα-Rluc, sowie Rluc allein. Weitere interne Kontrollen stellten nicht transfizierte Cos7 Zellen dar, die als zweite Positivkontrolle 4 Stunden vor Durchführung des Assays mit Staurosporin [1 µM] behandelt wurden.

4 Diskussion

4.1.1 *in silico* vs. affinitätschromatographische Identifizierung potenzieller PKA-Interaktionspartner

Kommt zur Identifizierung neuer AKAPs die *in silico* Recherche zur Anwendung, wird sich an Bindungsmotiven (amphipathische Helices) bekannter Interaktionspartner orientiert (Skroblin et al., 2010). Möglicherweise existieren bereits Strukturinformationen, die in die *in silico* Recherche mit einfließen sollten. Sind keine zusätzlichen Details zur Proteinstruktur verfügbar, gibt es Datenbanken, die eine Strukturprognose berechnen können, wie dem sogenannten Helix Plot (siehe Abbildung 7).

Die Identifizierung neuer potenzieller AKAPs mit Hilfe des affinitätschromatographischen („*pulldown*") Ansatzes ermöglicht eine Suche nach Interaktionspartnern mit nicht klassischen Interaktionsmotiven. Am Beispiel des in diesem Ansatz gefundenen Proteins RACK1 zeigt sich, dass hier keine klassische Interaktion über eine amphipathische Helix stattfinden kann, da die Kristallstruktur des RACK1 bereits vollständig bekannt ist und diese keinerlei Helices aufweist (siehe Abbildung 42).

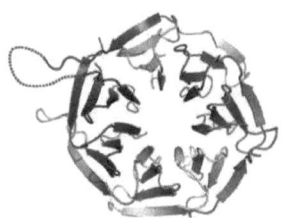

Abbildung 42 Struktur eines RACK1 Proteins nach (Adams et al., 2011). Dargestellt ist ein Monomer des RACK1 Proteins mit den sieben enthaltenen WD40 Domänen in unterschiedlichen Farben kodiert.

Bei der Auswertung dieser Versuchsansätze ist es notwendig, dass diese gut reproduzierbar sind, das heißt, dass mit Hilfe des Massenspektrometers eine Schnittmenge einiger Proteine aus den unterschiedlichen Versuchsansätzen zu finden sein sollte. Hilfreich wäre es ebenfalls zum Auswerten der Daten eine Software zu verwenden, die unter Berücksichtigung einer individuellen Suchmaske ausschließlich die Proteine anzeigt, die nicht in der Kontrollmatrix zu finden sind, ebenso wie die Kandidaten, die oberhalb eines kritischen Identifikationswertes (*score*) liegen und somit auszuwerten sind.

In dieser Arbeit wurden die Daten der massenspektrometrischen Auswertung manuell vorgenommen, was beim aktuellen Stand der Forschung nicht als eine zuverlässige Methode anerkannt ist. Aus diesem Grund werden mögliche Kandidatenproteine, die aus diesem Versuchsansatz stammen, in mindestens zwei weiteren Versuchsansätzen einer Verifizierung unterzogen.

Als mögliche Kandidaten neuer, als AKAP fungierender Proteine, wurden aus den erhaltenen Daten der massenspektrometrischen Analyse Proteine ausgewählt, die sich erstens durch eine hohe Signifikanz identifizieren ließen und zweitens nach Möglichkeit bereits in Verbindung mit weiteren Proteinen der cAMP-vermittelten Signalkaskade publiziert sind. Im Falle des RACK1 ist dieses unter anderem durch die Interaktion mit der Phosphodiesterase 4D5 gezeigt (Bolger et al., 2006). Dass RACK1 bereits als ein komplexes sogenanntes *scaffold* Protein bekannt ist, erhöht die Wahrscheinlichkeit einer direkten Interaktion mit der regulatorischen Untereinheit und steigert damit das Interesse an diesem Protein als möglichen neuen Interaktionspartner der R-UE. Hierbei ist noch nicht zu sagen, ob es sich um ein mögliches neues AKAP handelt oder einen Interaktionspartner der R-Untereinheiten mit noch unbekannter Funktion. Denkbar in einem solchen Versuchsaufbau ist ebenfalls, dass es sich hierbei nicht um einen direkten Interaktionspartner der R-UE handelt, sondern um ein indirekt isoliertes Protein.

4.2 rgs5 und AKAP10, identifiziert aus *in silico* Recherchen

Die Durchführung von *in silico* Recherchen, auf der Suche nach Homologen bekannter AKAPs in *C. elegans*, ergab rgs5 des Nematoden als potenzielles Homolog für AKAP10 (siehe Kapitel 3.1.1). Nach Analyse der Bindung des AKAP10 an regulatorische Untereinheiten der PKA im BRET² System lässt sich feststellen, dass sowohl beide Isoformen von Typ I (α und β) als auch die RIIα ein BRET² Signal mit dem getesteten, N-Terminal fusionierten AKAP10 zeigen (Abbildung 11). Als Ausnahme zeigt sich die hRIIβ. Hier ließ sich kein statistisch signifikantes BRET²-Signal mit dem AKAP10 erzielen.

Anhand der hier durchgeführten Versuche im BRET²-System und der Immunfluoreszenz kann diese Annahme für die Interaktion mit R-UE, sowie für die Lokalisation des Proteins in Zellen bestätigt werden. Für das rgs5 konnte eine Interaktion mit beiden RI-Isoformen der PKA gezeigt werden, ebenso wie mit der hRIIα. Auch die getestete R-UE aus *C. elegans* (kin2)

Diskussion

zeigt ein signifikantes BRET^2 Signal mit AKAP10 und rgs5. Das identifizierte Protein rgs5 erweist sich im Rahmen dieser Arbeit als ein funktionelles Homolog des AKAP10 (Abbildung 10).

Allerdings ist bei der Verwendung von Fusionsproteinen kritisch zu bedenken, dass es vorkommt, dass das verwendete Reportersystem die Lokalisation und möglicherweise auch die Interaktion des Fusionskonstruktes im Expressionssystem beeinflusst. Am Beispiel der N- und C-terminalen Fusion des AKAP10 mit den BRET^2-Reporterproteinen GFP^2 oder der Luziferase Rluc wird in der Immunfluoreszenz (siehe Abbildung 14 und Abbildung 15) deutlich, dass die Fusionsproteine teilweise in der Zelle nicht so lokalisieren, wie sie es ohne bzw. in anderer Reporterorientierung tun würden. Im Falle des Rluc-AKAP10 Proteins liegt die nichtmitochondriale Lokalisation wahrscheinlich daran, dass die Fusion des Reporters an das AKAP die N-terminale Zielsequenz des AKAP10 blockiert (sog. *mito-target sequence*, UniProt Datenbank, ID O43572). Die Mitochondrien-Zielsequenz wird hier vermutlich von dem Luziferase-Fusionsanteil maskiert und das Protein lokalisiert primär zytoplasmatisch. Die Fusion eines BRET^2-Reporters am C-Terminus des AKAP ermöglicht dessen mitochondriale Lokalisation (siehe Abbildung 18). Allerdings zeigt die BRET^2-Studie (Abbildung 11), dass die C-terminalen AKAP-Fusionskonstrukte mit den R-UE kein BRET^2-Signal ergeben. Unter Berücksichtigung, dass sich die A-Kinase Bindedomäne (*RIIBD*) im C-Terminus des AKAP10 befindet, liegt hier die Vermutung nahe, dass die *RIIBD* durch die Reporterfusion blockiert wird. Im Falle der AKAP:RIIβ Interaktion ist es weiter denkbar, dass das AKAP in der Zelle korrekt lokalisieren muss, um ein Interaktionssignal mit der R-UE zu ermöglichen. Um einen Einfluss der Reporterproteine auf die untersuchten Interaktionen zwischen den R-UE und den potenziellen AKAPs auszuschließen, sollten die Ergebnisse des BRET^2-Systems durch einen unabhängigen weiteren Versuchsansatz (z.B. Immunpräzipitation) verifiziert werden. Unter Verwendung des RI:AKAP Disruptorpeptids RIAD wäre es ebenfalls möglich die Interaktion zu verifizieren, da das RIAD in der Zelle die detektierte RI:AKAP Interaktion spezifisch verdrängen kann (Burns-Hamuro et al., 2003; Pidoux et al., 2011).

4.2.1 Ht31: inhibiert ausschließlich die AKAP10:RIIα Interaktion

Der Einsatz des AKAP Disruptor Peptids Ht31 zur Kompetition der Interaktionen der R:AKAP Interaktionen zeigt für die RIIα:AKAP10 Interaktion eine Reduktion des BRET^2

Diskussion

Signals (Abbildung 13). Für die Interaktion von RIIα:rgs5 zeigt sich dieser Effekt nicht. Möglicherweise ist es im Fall des rgs5 evolutionär nicht notwendig zwischen der Bindung von RI- und RII-Untereinheiten zu unterscheiden, da im Nematoden nur ein RI-Homolog existiert (1.7). In höheren Säugern existieren vier unterschiedliche Isoformen der R-UE in unterschiedlichen Expressions- und Regulationsmustern, die präzise gesteuert werden müssen (1.5). Das AKAP10 wird ubiquitär in allen Geweben exprimiert und sollte eine spezifische Interaktion mit einzelnen PKA Isoformen zeigen, um definierte Signalkaskaden zu aktivieren. Die Expression des rgs5 in den Nematoden ist hauptsächlich auf neuronales Gewebe beschränkt, ebenso die der PKA. Eventuell ist hier eine Unterscheidung der Bindungsmodi für unterschiedliche PKA-Isoformen nicht notwendig und somit möglicherweise noch nicht oder nicht mehr notwendig.

Bisherige Publikationen zu durchgeführten AKAP10:R–Bindungsstudien wurden ausschließlich mit rekombinanten AKAP10-Fragmenten *in vitro* durchgeführt und zeigen eine Affinität von 13±3 nM für die AKAP10:RIIβ Interaktion (Kammerer et al., 2003). Interaktionsanalysen des Vollängen-AKAP10 in lebenden Zellen, die im Rahmen dieser Arbeit durchgeführt wurden, konnten diese Interaktion nicht bestätigen. Eine weitere, bisher nicht publizierte Erkenntnis, zeigte im Verlauf dieser Arbeit die Interaktion von AKAP10 mit hRIβ. In diesen Fällen bleibt es durch rekombinante Expression des Vollängenproteins zu prüfen, inwieweit hier *in vitro* mit *in cell* Messungen vergleichbar sind.

4.2.2 Ist eine zweite Interaktionsfläche in RIβ zur Bindung an AKAP10 vorhanden?

Die Bindungsanalyse des AKAP10 mit unterschiedlichen Deletionsmutanten der hRIβ ergab für die Lokalisation der Interaktionsstelle mit der hRIβ möglicherweise eine zusätzliche Interaktionssequenz zur amphipathischen Helix des R-Dimers. Die Deletionsmutante Δ1-92 (DD-Domäne deletiert) liefert noch immer ein signifikant über dem Hintergrund liegendes BRET^2 Signal mit AKAP10. Im Gegensatz dazu ist dieses Signal bei Verwendung der Δ1-92 hRIα, der zweiten RI-Isoform, nicht zu detektieren (Abbildung 11C). Dieses Ergebnis kann für das rgs5 Protein nicht reproduziert werden (Abbildung 10C). Möglicherweise ist die Regulation der Interaktion zwischen rgs5 und der R-UE noch nicht so komplex organisiert, wie sein Funktionshomolog AKAP10:R-UE in Säugern. Um diese Annahme zu unterstützen könn-

Diskussion

te die Δ1-92 kin2 Deletionsmutante in Kombination mit den AKAPs, vergleichend zu den bisherigen Daten, untersucht werden.

4.2.3 Besitzt rgs5 eine RISR Sequenz?

Für dualspezifische AKAPs aus Säugern wurde kürzlich eine Sequenz publiziert, die eine Diskriminierung zwischen den Isoformen vom Typ I und Typ II der regulatorischen Untereinheiten der PKA erleichtern soll. Diese sogenannte RISR-Sequenz ist für die Bindung der RI-Untereinheiten an AKAPs *in vitro* notwendig (Jarnaess et al., 2008; Sarma et al., 2010). Im Falle des AKAP10 liegt eine RISR-Sequenz in einer der zwei rgs Domänen des Proteins (AS 121-150, MELRRMEH (Jarnaess et al., 2008)), welche in dem rgs5 Protein nicht konserviert ist. Trotzdem bindet rgs5 (genau wie AKAP10) sowohl RIα als auch RIβ. Das bedeutet, dass hier entweder die RISR-Sequenz nicht notwendig ist für eine hochaffine Interaktion, oder eine andere RISR-Sequenz in rgs5 vorliegt, die noch identifiziert werden muss. Die evolutionäre Konservierung dieser Sequenz wurde bisher noch nicht untersucht.

Die eigentliche Funktion von AKAP10 /rgs5 in der Zelle, speziell in Neuronen, ist nicht bekannt. Daher wären weitere Funktionsanalysen in diesem Fall sehr interessant. Bei der hier gezeigten Funktionshomologie der Proteine rgs5 aus *C. elegans* und dem AKAP10 wäre es besonders interessant, funktionelle Studien im intakten Modellorganismus durchzuführen. (1.7).

4.3 RACK1, ein Interaktionspartner der RIβ identifiziert aus „*pulldown*" Versuchsansätzen

RACK1 wird als ein multifunktionales Protein beschrieben, dass ubiquitär exprimiert wird (Adams et al., 2011). Weiterhin ist dieses Protein in vielfältige intrazelluläre Signalwege integriert, die sowohl Zellwachstum und Proliferation als auch Apoptose einschließen (Zeller et al., 2007; Sklan et al., 2006; Neasta et al., 2011; Adams et al., 2011).

Im Rahmen dieser Arbeit konnte das Protein RACK1 erstmals in einem affinitätschromatographischen Versuchsansatz sowohl über die Bindung an hRIβ als auch an kin2 aus *C. elegans* isoliert werden (Abbildung 19). In drei biologischen Versuchswiederholungen konnte das Protein RACK1 massenspektrometrisch und im Western Blot nachgewiesen werden (Abbildung 20). In anschließenden BRET²-Studien erwies sich RACK1 als ein spezifisch an hRIβ bzw. kin2 bindendes Protein (Abbildung 22A). Die Interaktion auf Seiten des RACK1 Proteins konnte durch Expression einzelner Proteindomänen des Multi-WD40 Proteins auf die WD40 Domänen 6 und 7, sowie auf die Domänen 1 und 2 eingeschränkt werden. Die Proteindomänen 6 und 7 zeigen mit der regulatorischen Untereinheit ein statistisch signifikantes BRET²-Signal (Abbildung 22C). Ein geringeres, aber signifikant über dem Hintergrund liegendes BRET²-Signal, ergab sich für die Interaktion der RIβ mit den ersten beiden WD40 Domänen des RACK1 Proteins.

Auf Seiten der hRIβ ist die Interaktionsfläche mit RACK1 komplexer als bei klassischen AKAPs. Im *in vitro* Ansatz zur Verifizierung der Interaktion zeigt sich, dass die Deletionsmutante Δ1-92 ein deutlich verringertes Resonanzsignal liefert im Vergleich zum Wildtyp Protein (Abbildung 22A). Dieses legt die Vermutung nahe, dass die untersuchte Interaktionsfläche im N-Terminus der RIβ lokalisiert ist. Andererseits zeigen die Ergebnisse der durchgeführten *in cell* BRET²-Studien, dass eine signifikant über dem Hintergrund liegende Interaktion mit dem C-Terminus der RIβ (RIβ BH3) stattfindet. Über eine BH3-Domäne konnte bereits die Interaktion von RACK1 an das pro-apoptotische Protein Bax publiziert werden (Wu et al., 2010). Die Expression der potenziellen BH3-Domäne der hRIβ zusammen mit RACK1 in Cos7 Zellen zeigt einen Phänotyp, der sich durch die Ausbildung riesiger Vakuolen auszeichnet (Abbildung 33). Die Ergebnisse der hier durchgeführten Interaktionsstudien lassen die Vermutung zu, dass in der hRIβ sowohl der N-Terminus als auch die potenzielle BH3-Domäne (C-Terminus) der RIβ als eine Interaktionsfläche mit dem RACK1 funktionell sind. Diese Ergebnisse zusammen ergeben insofern Sinn, da die RACK1 WD40 Domänen 1-2 und 6-7 mit dem Wildtyp Protein hRIβ ein Bindungssignal ergeben, als auch N- und C-Terminus der RIβ eine Interaktion mit RACK1 zeigen.

In Kooperation mit der Arbeitsgruppe von Frau Prof. Susan Taylor (San Diego, USA) sind aktuell Experimente zur Kokristallisation von hRIβ mit RACK1 geplant, um die molekulare Basis der Interaktion näher aufzuklären.

Diskussion

4.3.1 Ist RACK1 ein RIβ spezifisches AKAP?

Nach bisherigen Ergebnissen, sowohl *in cellulae* (BRET^2, Abbildung 22) als auch *in vitro* (SPR, Abbildung 23), kann RACK1 als ein Interaktionspartner der RIβ bezeichnet werden. Bei Analyse der Interaktion mittels SPR lässt sich zeigen, dass die Zugabe des AKAP Disruptor Peptids Ht31 keinen Einfluss auf die Interaktion RACK1:RIβ hat (Abbildung 27). Dieses Ergebnis lässt sich im BRET^2-System bestätigen (Abbildung 28). Bei Untersuchung der Bindung des Holoenzyms an RACK1 lässt sich *in vitro* ein zum RI-Dimer unterschiedlicher K_D-Wert ermitteln (ca. 500 nM Holo vs. ca. 300 nM R-Dimer) feststellen (siehe Anhang, Kapitel 7.2). Die Kinetik der SPR-Analysen ändert sich von einem langsam steigenden Signal der Assoziation für das Dimer, ohne Erreichen eines Plateaus bei Interaktion mit dem R-Dimer, zu einer schnelleren Assoziation mit einem maximalen Signal (Plateau) der Interaktion für das Holoenzym an RACK1. Im BRET^2-System ist kein Unterschied zwischen R-Dimer- und Holoenzym-Bindung an RACK1 festzustellen (Abbildung 25). Nach den hier durchgeführten Arbeiten lässt sich RACK1 als Interaktionspartner der RIβ identifizieren, während die Interaktion mit einem Iβ Holoenzym *in vitro* einen etwas höheren K_D Wert im Vergleich zum Dimer liefert, und damit vermutlich schlechter an RACK1 bindet.

4.3.2 Die Vernetzung von PKA- und RACK1-Signalwegen in neuronalem Gewebe gibt Hinweise zur Funktion der Interaktion *in vivo*

Eine mögliche Funktion der untersuchten Interaktion von RACK1 mit der PKA Iβ besteht neben der Involvierung in neurodegenerativen Prozessen, auch in der Beteiligung an entwicklungsrelevanten Prozessen wie zum Beispiel der Ausbildung der Zellpolarität in Embryonen (Wehner et al., 2011; Adams et al., 2011). Weiterhin ist die Funktion der Interaktion bei der Gedächtnisbildung (LTP) in Betracht zu ziehen, da bereits beide hier untersuchten Proteine, unabhängig voneinander, in Zusammenhang in diesen Prozessen publiziert wurden (Malenka and Bear, 2004; Mayford, 2007; Sklan et al., 2006). Den Ergebnissen zur möglichen Funktion der RIβ aus dieser Arbeit zur Folge ist es denkbar, dass die regulatorische Untereinheit Iβ neben der Bindung an AKAPs und die Inhibition der katalytischen Untereinheit der PKA, noch eine weitere Aufgabe besitzt. Der C-Terminus des Proteins besitzt grundlegend eine Ähnlichkeit (*BH3-like*) mit der konservierten Interaktionsdomäne eines so genannten BH3 (*Bcl2 homology*) Proteins (siehe Abbildung 43). Bis zum aktuellen Zeitpunkt sind unzählige

Diskussion

BH3 oder auch *BH3-only* Proteine bekannt. BH3 Proteine unterschieden sich in ihrer Funktion von sogenannten *BH3-only* Proteinen insofern, dass die BH3-Proteine meist weitere BH-Domänen (BH1 und BH2) besitzen. Die Anwesenheit unterschiedlicher BH-Domänen ermöglicht den Proteinen prinzipiell eine sowohl pro- als auch anti-apoptotische Funktion in der Zelle (Bsp. Bax). *BH3-only* Proteine besitzen eine einzige BH3-Domäne und alle bisher publizierten *BH3-only* Proteine sind funktionell ausschließlich pro-apoptotisch (Bsp. PUMA) (Shamas-Din et al., 2010). Ein Sequenzvergleich des C-Terminus der hRIβ mit der BH3-Domäne des pro-apoptotischen Proteins Bax und einem Vergleich mit konservierten Funktionsmotiven vieler BH3-Proteine zeigt, dass die RIβ prinzipiell als ein solches *BH3-only* Protein funktionieren könnte (siehe Abbildung 43).

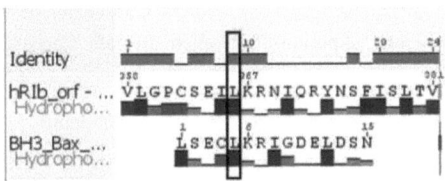

Abbildung 43 Sequenzvergleich der BH3 Domäne des hBax Proteins (AS 59-73) mit dem C-Terminus der hRIβ (AS 360-381). Nach einem Sequenzvergleich der BH3 Domäne des humanen Bax Proteins (UniProt Ident. Q07812) mit dem C-Terminus der hRIβ stellt sich eine Homologie der Sequenzabschnitte dar. Das konservierte und für die Funktionalität der BH3 Domäne essentielle Leucin an Position 366 der RIβ (schwarzer Rahmen) ist in der R-UE vorhanden (Bouillet and Strasser, 2002). In grün dargestellt ist die Sequenzidentität (gleiche AS in beiden Proteinsequenzen) und in rot die hydrophoben AS hervorgehoben. Der Vergleich wurde mit der Software Geneious Basic 4.5.4 erstellt.

Sollte sich der hier aufgestellte Verdacht unterstützen lassen, ist die Beteiligung der hRIβ an neurodegenerativen Krankheiten wie beispielsweise Alzheimer oder Parkinson denkbar.

Zur Aufklärung des Phänotyps in Cos7 Zellen nach Koexpression der Proteine RACK1 mit dem C-Terminus der RIβ (BH3) wurden verschiedene Studien in Zusammenhang mit einer Funktion im programmierten Zelltod durchgeführt. Zur Differenzierung zwischen Nekrose und Apoptose wurden DNA-Fragmentierungs-Versuche durchgeführt (Abbildung 50 und Kapitel 3.3.2). Diese lieferten im Gegensatz zu den Immunfluoreszenzversuchen mit Propidiumiodid (3.3.1) keine eindeutigen Ergebnisse. Teilweise ist eine „DNA-Leiter" als Folge der DNA Fragmentierung zu erkennen. Allerdings ist in bisherigen Versuchen immer mindestens eine Kontrolle des Versuchsansatzes ausgefallen. Die Transfektion von RACK1 in Kombination mit RIβ Konstrukten zeigt in allen Versuchsansätzen der angefertigten Ethidiumbromid-

Diskussion

Agarosegelen ein Bandenmuster, welches als „DNA Leiter" bezeichnet werden könnte (siehe Anhang Abbildung 50). Unterstützend zu diesen Ergebnissen der DNA-Fragmentierung wurden Immunfluoreszenzfärbungen angefertigt. Zur Färbung degradierter DNA wurde Propidiumiodid verwendet, dieses lagert sich in DNA ein und ist anschließend im Fluoreszenzmikroskop zu detektieren (3.2.5). Im Falle von fixierten Zellen (wie in dieser Arbeit verwendet) kann mittels PI-Färbung die Degradierung des Zellkerns, bzw. die Kondensation der DNA dargestellt werden (3.3.1). Nachdem die DNA-Degradation in Cos7 Zellen nach Transfektion von RACK1 und RIβ Konstrukten gezeigt werden konnte, wurden im Anschluss drei biologische Wiederholungen eines Caspase Assays durchgeführt. Diese waren notwendig, um die Degeneration der Zellen nach Ausschluss der Nekrose (durch die DNA-Fragmentation) weiter aufzuklären. Werden bei Expression von RACK1 und RIβ intrazellulär Caspasen aktiviert, lässt dieses auf eine „klassische" Apoptose schließen. In dem Caspase-Assay Test-Kit (Fa. Roche) enthalten ist ein Caspasesubstrat, gekoppelt an ein Fluorophor (Rhodamin 110), welches nach Prozessierung ein Fluoreszenz-Signal für freies Rhodamin 110 in der Zelle liefert. Dieses lässt einen quantitativen Rückschluss auf die aktivierten, intrazellulären Caspasen zu. Im Fall der hier untersuchten Interaktion kann nach diesen Experimenten gesagt werden, dass Caspasen in Folge der RACK1:RIβ Expression nicht aktiviert werden.

Nach Ausschluss der Nekrose (siehe Kapitel 3.3.1; 3.3.2) kann nun auch die klassische Apoptose (Caspasen nicht aktiviert) ausgeschlossen werden (Kapitel 3.3.3). Nach Zusammenfassung und Kombination der gesammelten Ergebnisse,

- Immunfluoreszenz Phänotyp: starke Vakuolenbildung
- Immunfluoreszenz + Mitochondrienmarker: sowohl RACK1 als auch RIβ in direkter Nähe zu Mitochondrien lokalisiert
- Immunfluoreszenz (PI) + DNA Fragmentierung: Degradation des Zellkerns, bzw. Kondensation der DNA
- Fluorimetrischer Caspase-Test: Caspase unabhängiger Prozess,

könnte man zu dem Schluss kommen, dass die im Rahmen dieser Arbeit untersuchte Interaktion zwischen RACK1 und RIβ eine paraptotische Degeneration der Zellen zur Folge hat.

In diesem Zusammenhang ist es denkbar, dass die RIβ: RACK1 Interaktion im Krankheitsverlauf der amyotrophen Lateralsklerose (ALS) involviert ist. Diese zeichnet sich durch Degene-

Diskussion

ration von Neuronen unter starker Vakuolenbildung aus (Leist and Jäättelä, 2001). Bisher wurden einige sehr unterschiedliche Proteine im Zusammenhang mit der ALS Diagnose publiziert (Ferraiuolo et al., 2011). Bekannt sind ein familiärer Typ (FALS) der Erkrankung ebenso wie ein spontan auftretender Phänotyp (SALS). In einem ALS Mausmodell wird der Defekt eines Proteins im Zusammenhang mit dem FALS Typ nachgeahmt. Medikamente, die eine Heilung der Krankheit versprechen, existieren aufgrund der sehr komplexen Krankheitsbilder bisher nicht (Zinman and Cudkowicz, 2011). In Patientenproben sowie im Mausmodell werden bei Diagnose ALS sehr oft Marker für oxidativen Stress gefunden.

Einige Patienten mit ALS Diagnose zeigen eine reduzierte Expression des Glutamatrezeptors (EAAT2) der Astrozyten. Hierbei ist die Endozytose des Glutamats aus dem synaptischen Spalt aufgrund fehlender EAAT2-Rezeptoren verlangsamt, was zu stark erhöhtem Ca^{2+}-Einstrom in Motorneuronen durch aktive AMPA- und NMDA-Rezeptoren ermöglicht wird. Hierbei entsteht Stress in dem Motorneuron, was eine Dysregulation von Mitochondrien, Fehler der RNA-Prozessierung und die Aktivierung weiterer Signalwege inflammatorischer Signalkaskaden zur Folge hat. ALS zeigt sich als eine hoch komplexe neurodegenerative Krankheit, die sehr unterschiedliche Ursachen haben kann. Der selektive Tod von Motorneuronen, ebenso wie eine Degeneration von Motorneuronen zusammen mit umliegenden Mikrogliazellen und Astrozyten ist bekannt (Ferraiuolo et al., 2011). Die bei SALS auftretenden Krankheitsverläufe liefern noch keinen Hinweis auf eine Ursache.

Eine Möglichkeit der degenerativen Zellprozessierung bietet die neu auftauchende Verknüpfung zwischen der Autophagozytose und der Apoptose (Tiwari et al., 2011). In, unabhängig von dieser Arbeit, durchgeführten Versuchsansätzen zur Klärung der Aggregatbildung der RIβ (endogen in Neuronen sowie anderen Zelllinien nach Transfektion) konnte gezeigt werden, dass die hRIβ auf bisher nicht geklärte Weise in Ubiquitin- und SUMO- vermittelte Signalwege involviert ist (Kolokalisation in Zellen mit LC3 sowie Sequestosom und dem Autophagosomen Marker p62, Dr. M. Diskar, unveröffentlichte Daten). Die Ubiquitinierung von Proteinen spielt der Autophagie eine tragende Rolle (Kirkin et al., 2009). Wohingegen die SUMOylierung unter anderem in Verbindung mit neurodegenerativen Krankheiten gebracht wird (Wilkinson et al., 2010; Sarge and Park-Sarge, 2009; Dorval and Fraser, 2007). Diese Beobachtung der posttranslationalen Modifikation im Zusammenhang mit der RIβ und deren Interaktion mit RACK1 könnte unter der in Abbildung 44 dargestellten Regulation in der Zel-

Diskussion

le stattfinden. Hierbei wäre es denkbar, dass die RIβ in den Aggregaten modifiziert mit Ubiquitin in die Autophagozytose involviert ist.

Als ein zusätzlicher Hinweis, stützend für die aufgestellte Hypothese der Apoptose, kann die in Abbildung 29 und Abbildung 30 dargestellte Lokalisation von RACK1 und hRIβ in direkter Nähe zu Mitochondrien gesehen werden. Mitochondrien sind in vielen zelldegenerativen Prozessen beteiligt, wobei diese auch von dem Prozess der Autophagozytose betroffen sind (sog. Mitophagie) (Carlucci et al., 2008; Onyango et al., 2010; Gottlieb & Carreira, 2010). Die Mitophagie tritt vor allem in Zellen mit geringer Regenerationsfähigkeit auf, wie beispielsweise Neuronen oder T-Zellen. In diesen Zellen wird die Mitophagie genutzt um nicht funktionelle Mitochondrien abzubauen, die im Zuge von freien Radikalen (ROS) oder Stress, in der Zelle entstanden sind. In der alternden Zelle sinkt die Fähigkeit zur Autophagozytose in den Zellen, das heißt defekte oder nicht länger funktionelle Organellen der Zellen können nicht mehr degradiert werden. Wobei es hier nicht verwundert, dass „typische Krankheiten des Alters" fast ausschließlich Gewebe mit geringer Regenerationsfähigkeit betreffen (Gottlieb and Carreira, 2010). Erfährt die Zelle beispielsweise Stress oder bisher unbekannte andere Faktoren, die eine Form der Neurodegeneration auslösen, könnte das Muster Posttranslationaler Modifikationen der RIβ verändert werden, was wiederum eine Interaktion mit RACK1 ermöglicht und degenerative Prozesse beeinflussen würde (siehe Abbildung 44).

Diskussion

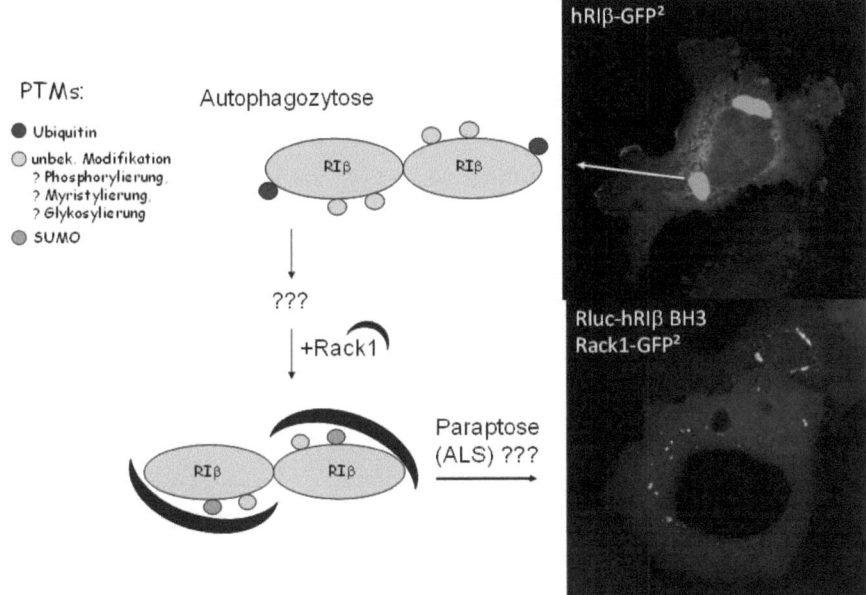

Abbildung 44 Hypothese zur Funktion der regulatorischen Untereinheit Iβ im Zusammenhang mit der in dieser Arbeit untersuchten RACK1:RIβ Interaktion. Nach 24 Stunden Expression der hRIβ-GFP² werden große Aggregate des Proteins in direkter Umgebung des Zellkerns sichtbar. Den regulierenden Mechanismus hinter dieser Aggregatbildung (RIβ spezifisch) ist noch nicht geklärt. Im Rahmen der Arbeit von Dr. M. Diskar konnte gezeigt werden, dass die RIβ sowohl mit Ubiquitin, als auch mit p62 in der Zelle kolokalisiert. Es ist nicht bekannt, ob RIβ Holoenzym oder Dimere in den Aggregaten "verpackt" werden. Nach Expression des Rluc-BH3 Konstruktes zusammen mit RACK1 konnten in den positiv transfizierten Zellen nach 24 h Expression große Vakuolen in den Zellen gezeigt werden. Hierbei liegt der C-Terminus der RIβ frei und nicht reguliert in der Zelle vor. Bei Verwendung des Konstruktes RIβ-GFP² könnte der C-Terminus maskiert sein, was seine Funktion einschränken könnte. Vielleicht benötigt die Zelle ein Signal, um die RIβ (potenziell ubiquitiniert in den Aggregaten) umzuprogrammieren (andere Modifizierung der PTMs), damit diese aus den Aggregaten austritt und mit RACK1 zusammen den programmierten Zelltod einzuleiten.

Die wechselseitige Regulation von Autophagozytose und Apoptose konnte bereits an dem Protein Beclin gezeigt werden (Zhu et al., 2010). Nach Prozessierung des Beclin durch Caspase 2 verliert dieses seine pro-autophagozytotische Wirkung und wird zum pro-apoptotischen Protein (Zhu et al., 2010). Beclin wurde bereits als ein *BH3-only* Protein publiziert, als seine Funktion noch nicht eingehend untersucht gewesen ist (Sinha and Levine, 2008).

Diskussion

Zum Nachweis der Autophagozytose im Falle der Zelldegeneration nach Expression der RIβ:RACK1 Konstrukte ist es notwendig, den als Autophagozytose Indikator LC3 in aktivierter Form in der Zelle nachzuweisen. LC3 liegt in der nicht autophagozytierenden Zelle als LC3I vor. Bei aktivierter Autophagozytose wird LC3I in LC3II prozessiert. Für den Fall einer autophagozytose-positiven Zelle sollten beide Formen des LC3 Proteins nachweisbar sein (Wang et al., 2011b; Klionsky et al., 2008).

5 Ausblick

5.1 Vorarbeiten zur Etablierung von eBRET² in *C. elegans*

Um in Zukunft BRET² Studien nicht ausschließlich in Zellkulturen, sondern funktionelle Reporterstudien im lebenden Organismus durchführen zu können, wurden von der Firma Biolog, Bremen, stabile Derivate des Luziferase Substrats Coelenterazin 400a (DBC) hergestellt (Levi et al., 2007), (Schwede, Brockmeyer und Prinz, unveröffentlichte Daten). Diese werden intrazellulär von Esterasen zunächst prozessiert, bevor sie als Substrat der Luziferase funktionell sind. Diese Prozessierung ist abhängig von der Enzymausstattung der Zellen und sollte vorab für jede Zelllinie bzw. *C. elegans* getestet werden. Die verwendeten Derivate waren: DBC-Acetoxymethylester (AM), DBC-Pivaloylmethylester (PM) und DBC- Pivaloyloxymethylester (POM).

Zum Validieren der stabilen DBC-Derivate wurden die Zelllinien PC12 sowie A549 im eBRET² System verwendet. Hierbei wurden die Zellen mit der Emissions-optimierten Luziferase Rluc8 (De et al., 2007) transfiziert und nach 48 Stunden Expression der Proteine die unterschiedlichen DBCs auf die Zellen gegeben und der Assay ausgelesen (siehe 7.5). Es kann hier bestätigt werden, dass die Coelenterazin 400a Derivate deutlich stabiler in der Zelle scheinen als das unmodifizierte Coelenterazin 400a. Die Zeit- und Konzentrationsreihe in Abbildung 52 zeigt, dass in A549 Zellen unter Verwendung des DBC-POM in einer Konzentration von 2,7 µM nach 23 h noch immer eine Luziferase Emission detektiert werden kann. Die Konzentration des Substrats nimmt keinen Einfluss auf die Haltbarkeit des Luziferase-Signals. In Abbildung 51 zeigt sich deutlich, dass die Derivate für jede Zelllinie, die im BRET² verwendet wird, optimiert werden sollten, da diese unterschiedlich gut von den endogenen Enzymen prozessiert werden.

Um ein erstes BRET² Signal in lebenden Nematoden zu erhalten, wurden die Reporterproteine GFP² und Rluc8, direkt aneinander gekoppelt als eine Positivkontrolle und unter Verwendung verschiedener *C. elegans* Promotoren kloniert (2.1.1). Diese Vektoren wurden im Max Planck Institut für biophysikalische Chemie in der Arbeitsgruppe von Dr. Monika Jedrusik-Bode in Nematoden mikroinjiziert. Die transformierten Organismen konnten nach Selektion unter einem Binokular mit Fluoreszenzfilter im eBRET² getestet werden.

Ausblick

Die korrekte Expression der Reporterproteine konnte mittels Western Blot überprüft werden. Ebenso konnten Fluoreszenzbilder der Nematoden erstellt werden, die eine gewebsspezifische Expression bestätigen (Abbildung 45).

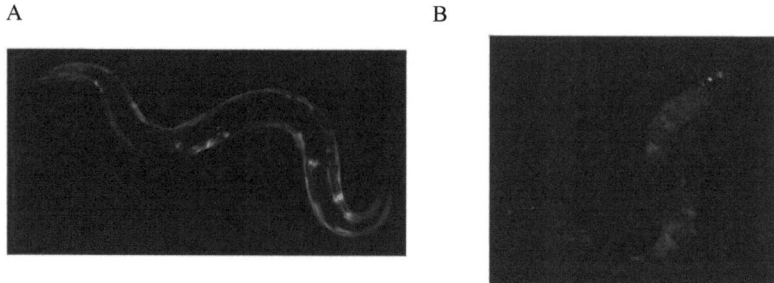

Abbildung 45 Darstellung von positiv transformierten eBRET² Nematoden. In **A** wurde ein lebender Nematode auf einer Agarplatte aufgenommen. Dieser exprimiert die eBRET² Positivkontrolle GFP²-Rluc8 unter dem myo-3 Promotor in Muskelgewebe. In **B** wurde die eBRET² Positivkontrolle, unter dem rab-3 Promotor in Nematoden exprimiert, im lebenden *C. elegans* fotografiert.

Findet die Expression des Reporterproteins GFP²-Rluc8 unter dem Promotor myo-3 statt, wird das Protein ausschließlich in Muskelgewebe der Nematoden exprimiert. Nach Zugabe von 3 µM DBC Derivate zu etwa 30-50 positiv transformierten, lebenden Nematoden in einer 96-*well* Platte wurden diese über drei Stunden vermessen. In Vorversuchen zeigte sich, dass das DBC-POM in Nematoden nicht funktionell prozessiert werden kann. Ebenso wurden bereits Versuche zur optimalen Anzahl der lebenden Organismen pro Vertiefung einer 96-well Platte durchgeführt. In Abbildung 46A sind die über drei Stunden generierten eBRET² Signale dargestellt. Diese sind über den gesamten analysierten Zeitraum konstant. Abbildung 46B zeigt, dass die Derivate PM und AM im Nematoden über drei Stunden eine stabile Luziferaseemission [Rlu] zeigen.

Die Expression von GFP²-Rluc8 unter dem neuronalen Promotor rab-3 zeigt im eBRET² bei Verwendung von 30-50 Nematoden pro Vertiefung der 96er Platte eine Luziferaseemission [Rlu] von etwa 200. Unter Verwendung des neuronalen Promotors mussten etwa 150-200 (4x *C. e.*) lebende Nematoden zur eBRET² Analyse verwendet werden, um ein Signal von etwa 400 [Rlu] zu erhalten. Prinzipiell bleibt das eBRET² Signal auch in Neuronen über den Zeitraum von drei Stunden mit DBC-AM und DBC-PM stabil (Daten nicht gezeigt).

Ausblick

Diese Vorversuche des eBRET² im lebenden Organismus ermöglichen eine Etablierung des Systems im gesamten lebenden Organismus.

A

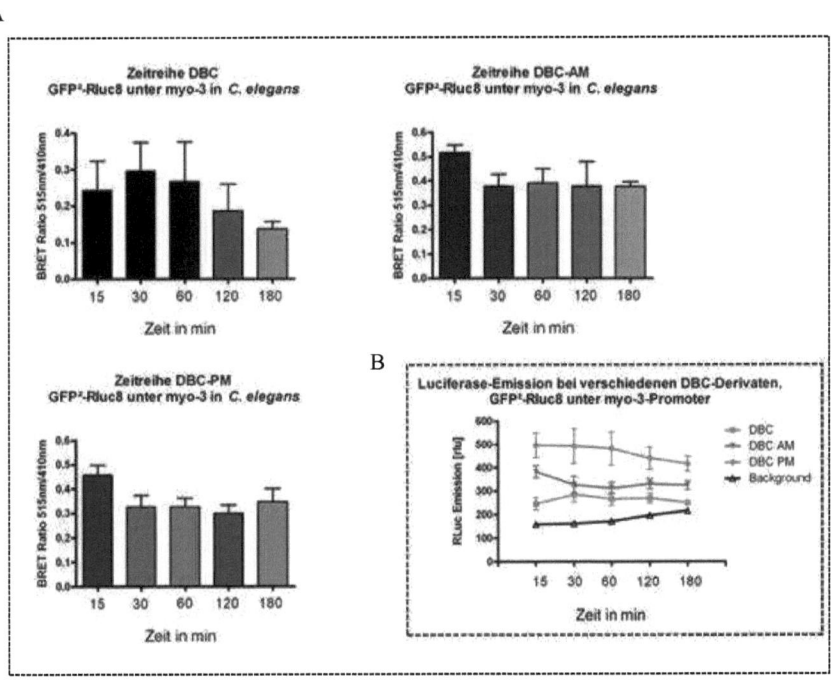

B

Abbildung 46 Darstellung der Vorversuche zu dem eBRET² in lebenden C. elegans.
Es wurden Nematoden des Stammes N2 mittels Mikroinjektion mit dem Positivkontrollvektor für das eBRET² System in lebenden Nematoden transformiert. Die Expression des Fusionskonstruktes GFP²-Rluc8 erfolgte unter dem muskelspezifischen myo-3 Promotor. Nach Selektion positiv transformierter Organismen wurden pro Vertiefung einer 96-well Platte etwa 50 C. elegans in M9 Puffer vermessen. Nach Zugabe unterschiedlicher Coelenterazin 400a Derivate (7.5) wurde die Platte über einen Zeitraum von drei Stunden vermessen. A stellt die eBRET² Signale der durchgeführten Zeitreihe dar. Es zeigt sich, dass die getesteten DBCs alle über einen Zeitraum von mindestens drei Stunden stabil sind. In B (Rahmen) wurden die Luziferaseemissionswerte über den analysierten Zeitraum aufgezeigt. Auch hier zeigt sich, dass die Substrate über drei Stunden ein stabiles Signal geben.

Dieses System könnte völlig neue Möglichkeiten der funktionellen Analyse verschiedenster Moleküle im Hochdurchsatz ermöglichen, da die Nematoden nach den eBRET²-Analysen zurück auf eine Agarplatte gesetzt und bei Bedarf für weitere Studien verwendet wurden. Nach erfolgreicher Transformation des Kontrollvektors Rluc8 unter den Promotoren rab-3

Ausblick

oder myo-3 könnten weitere Kontrollexperimente durchgeführt werden. Ebenso könnten nach Transformation des cAMP Sensors EPAC (GFP^2-EPAC-Rluc8, promotorgesteuert in unterschiedlichen Geweben, 7.2) in *C. elegans* intrazelluläre Änderungen des cAMP Spiegels verfolgt werden.

6 Literatur

Abel, T., and P.V. Nguyen. 2008. Regulation of hippocampus-dependent memory by cyclic AMP- dependent protein kinase. *Prog. Brain research.* 169:97-115.

Acconcia, F., S. Sigismund, and S. Polo. 2009. Ubiquitin in trafficking: the network at work. *Experimental cell research.* 315:1610-8.

Adams, D.R., D. Ron, and P. a Kiely. 2011. RACK1, A Multifaceted Scaffolding Protein: Structure and Function. *Cell communication and signaling : CCS.* 9:22.

Ai, E., D.S. Poole, and A.R. Skop. 2009. RACK-1 Directs Dynactin-dependent RAB-11 Endosomal Recycling during Mitosis in Caenorhabditis elegans. *Molecular Biology of the Cell.* 20:1629 -1638.

Ai, E., D.S. Poole, and A.R. Skop. 2011. Long astral microtubules and RACK-1 stabilize polarity domains during maintenance phase in Caenorhabditis elegans embryos. *PloS one.* 6:e19020.

Akepati, V.R., E.-C. Müller, A. Otto, H.M. Strauss, M. Portwich, and C. Alexander. 2008. Characterization of OPA1 isoforms isolated from mouse tissues. *Journal of neurochemistry.* 106:372-83.

Angelo, R., and C.S. Rubin. 1998. Molecular characterization of an anchor protein (AKAPCE) that binds the RI subunit (RCE) of type I protein kinase A from Caenorhabditis elegans. *The Journal of biological chemistry.* 273:14633-43.

Battaini, F., and A. Pascale. 2005. Protein kinase C signal transduction regulation in physiological and pathological aging. *Annals of the New York Academy of Sciences.* 1057:177-92.

Beene, D.L., and J.D. Scott. 2007. A-kinase anchoring proteins take shape. *Current opinion in cell biology.* 19:192-8.

Bertherat, J. 2006. Carney complex (CNC). *Orphanet journal of rare diseases.* 1:21.

Bhattacharyya, Samarjit Biou, V., W. Xu, O. Schlüter, and R.C. Malenka. 2009. A critical role for PSD-95/AKAP interactions in endocytosis of synaptic AMPA receptors. *Psychiatry: Interpersonal and Biological Processes.* 12:172-181.

Bolger, G.B., G.S. Baillie, X. Li, M.J. Lynch, P. Herzyk, A. Mohamed, L.H. Mitchell, A. McCahill, C. Hundsrucker, E. Klussmann, D.R. Adams, and M.D. Houslay. 2006. Scanning peptide array analyses identify overlapping binding sites for the signalling scaffold proteins, beta-arrestin and RACK1, in cAMP-specific phosphodiesterase PDE4D5. *The Biochemical journal.* 398:23-36.

Bouillet, P., and A. Strasser. 2002. BH3-only proteins – evolutionarily conserved pro- apoptotic Bcl-2 family members essential for initiating programmed cell death. *Journal of Cell Science.*

Brooks, I.M., and S.J. Tavalin. 2011. Ca2+/calmodulin-dependent protein kinase II inhibitors disrupt AKAP79-dependent PKC signaling to GluA1 AMPA receptors. *The Journal of biological chemistry.* 286:6697-706.

Brown, J. a, S.M. Gianino, and D.H. Gutmann. 2010. Defective cAMP generation underlies the sensitivity of CNS neurons to neurofibromatosis-1 heterozygosity. *The Journal of neuroscience : the official journal of the Society for Neuroscience.* 30:5579-89.

Burns, L.L., J.M. Canaves, J.K. Pennypacker, D.K. Blumenthal, and S.S. Taylor. 2003. Isoform specific differences in binding of a dual-specificity A-kinase anchoring protein to type I and type II regulatory subunits of PKA. *Biochemistry.* 42:5754-63.

Burns-Hamuro, L.L., Y. Ma, S. Kammerer, U. Reineke, C. Self, C. Cook, G.L. Olson, C.R. Cantor, A. Braun, and S.S. Taylor. 2003. Designing isoform-specific peptide disruptors of protein kinase A localization. *Proceedings of the National Academy of Sciences of the United States of America.* 100:4072-7.

Literatur

Burns-hamuro, L.L., Y. Hamuro, J.S. Kim, P. Sigala, R. Fayos, D.D. Stranz, P.A. Jennings, S.S. Taylor, and V.L.W. Jr. 2005. Distinct interaction modes of an AKAP bound to two regulatory subunit isoforms of protein kinase A revealed by amide hydrogen / deuterium exchange. 2982-2992.

Cadd, G.G., M.D. Uhler, and G.S. McKnight. 1990. Holoenzymes of cAMP-dependent protein kinase containing the neural form of type I regulatory subunit have an increased sensitivity to cyclic nucleotides. *The Journal of biological chemistry.* 265:19502-6.

Cao, X.-X., J.-D. Xu, X.-L. Liu, J.-W. Xu, W.-J. Wang, Q.-Q. Li, Q. Chen, Z.-D. Xu, and X.-P. Liu. 2009a. RACK1: A superior independent predictor for poor clinical outcome in breast cancer. *International journal of cancer. Journal international du cancer.* 127:1172-9.

Cao, X.-X., J.-D. Xu, J.-W. Xu, X.-L. Liu, Y.-Y. Cheng, W.-J. Wang, Q.-Q. Li, Q. Chen, Z.-D. Xu, and X.-P. Liu. 2009b. RACK1 promotes breast carcinoma proliferation and invasion/metastasis in vitro and in vivo. *Breast cancer research and treatment.* 123:375-86.

Carlson, C.R., B. Lygren, T. Berge, N. Hoshi, W. Wong, K. Taskén, and J.D. Scott. 2006. Delineation of type I protein kinase A-selective signaling events using an RI anchoring disruptor. *The Journal of biological chemistry.* 281:21535-45.

Carlucci, A., L. Lignitto, and A. Feliciello. 2008. Control of mitochondria dynamics and oxidative metabolism by cAMP, AKAPs and the proteasome. *Trends in cell biology.* 18:604-13.

Chen, M.-H., and C.C. Malbon. 2009. G-protein-coupled receptor-associated A-kinase anchoring proteins AKAP5 and AKAP12: differential trafficking and distribution. *Cellular signalling.* 21:136-42.

Chen, S., E.J. Dell, F. Lin, J. Sai, and H.E. Hamm. 2004a. RACK1 regulates specific functions of Gbetagamma. *The Journal of biological chemistry.* 279:17861-8.

Chen, S., B.D. Spiegelberg, F. Lin, E.J. Dell, and H.E. Hamm. 2004b. Interaction of Gbetagamma with RACK1 and other WD40 repeat proteins. *Journal of molecular and cellular cardiology.* 37:399-406.

Corsi, A.K. 2006. A Biochemist's Guide to C. elegans. *Anal. Biochem.* 359:1-17.

Coyle, S.M., W.V. Gilbert, J.A. Doudna, and L. Berkeley. 2009. Direct Link between RACK1 Function and Localization at the Ribosome In Vivo. *Society.* 29:1626-1634.

Cribbs, J.T., and S. Strack. 2007. Reversible phosphorylation of Drp1 by cyclic AMP-dependent protein kinase and calcineurin regulates mitochondrial fission and cell death. *EMBO reports.* 8:939-44.

Day, M.E., G.M. Gaietta, M. Sastri, a. Koller, M.R. Mackey, J.D. Scott, G. a. Perkins, M.H. Ellisman, and S.S. Taylor. 2011. Isoform-specific targeting of PKA to multivesicular bodies. *The Journal of Cell Biology.* 193:347-363.

De, A., A.M. Loening, and S.S. Gambhir. 2007. An improved bioluminescence resonance energy transfer strategy for imaging intracellular events in single cells and living subjects. *Cancer research.* 67:7175-83.

Dell'Acqua, M.L., K.E. Smith, J. a Gorski, E. a Horne, E.S. Gibson, and L.L. Gomez. 2006. Regulation of neuronal PKA signaling through AKAP targeting dynamics. *European journal of cell biology.* 85:627-33.

Diskar, M., H.-M. Zenn, A. Kaupisch, M. Kaufholz, S. Brockmeyer, D. Sohmen, M. Berrera, M. Zaccolo, M. Boshart, F.W. Herberg, and A. Prinz. 2010. Regulation of cAMP-dependent protein kinases: the human protein kinase X (PrKX) reveals the role of the catalytic subunit alphaH-alphaI loop. *The Journal of biological chemistry.* 285:35910-8.

Diskar, M., H.-M. Zenn, A. Kaupisch, A. Prinz, and F.W. Herberg. 2007. Molecular basis for isoform-specific autoregulation of protein kinase A. *Cellular signalling.* 19:2024-34.

Dodge-kafka, K.L., J. Soughayer, G.C. Pare, J.J. Carlisle, L.K. Langeberg, M.S. Kapiloff, and J.D. Scott. 2005. The protein kinase A anchoring protein mAKAP co-ordinates two integrated cAMP effector pathways. *Nature.* 437:574-578.

Dong, M.-qiu, D. Chase, G.A. Patikoglou, and M.R. Koelle. 2000. Multiple RGS proteins alter neural G protein signaling to allow C. elegans to rapid change behavior when fed. *Genes & Development.* 14:2003-2014.

Literatur

Dorval, V., and P.E. Fraser. 2007. SUMO on the road to neurodegeneration. *Biochimica et biophysica acta*. 1773:694-706.

Duke, R.C., R. Chervenak, and J.J. Cohen. 1983. Endogenous endonuclease-induced DNA fragmentation: an early event in cell-mediated cytolysis. *Proceedings of the National Academy of Sciences of the United States of America*. 80:6361-5.

Eggers, C.T., J.C. Schafer, J.R. Goldenring, and S.S. Taylor. 2009. D-AKAP2 interacts with Rab4 and Rab11 through its RGS domains and regulates transferrin receptor recycling. *The Journal of biological chemistry*. 284:32869-80.

Eichmüller, S., V. Vezzoli, C. Bazzini, M. Ritter, J. Fürst, M. Jakab, A. Ravasio, S. Chwatal, S. Dossena, G. Bottà, G. Meyer, B. Maier, G. Valenti, F. Lang, and M. Paulmichl. 2004. A new gene-finding tool: using the Caenorhabditis elegans operons for identifying functional partner proteins in human cells. *The Journal of biological chemistry*. 279:7136-46.

Ferraiuolo, L., J. Kirby, A.J. Grierson, M. Sendtner, and P.J. Shaw. 2011. Molecular pathways of motor neuron injury in amyotrophic lateral sclerosis. *Nature Reviews Neurology*. 7:616-630.

Fiedler, M., and a Skerra. 1999. Use of thiophilic adsorption chromatography for the one-step purification of a bacterially produced antibody F(ab) fragment without the need for an affinity tag. *Protein expression and purification*. 17:421-7.

Förster, T. 1948. Zwischenmolekulare Energiewanderung und Fluoreszenz. *In* Annalen der Physik, 6. Folge, Band 2. 55-75.

Galluzzi, L., and G. Kroemer. 2008. Necroptosis: a specialized pathway of programmed necrosis. *Cell*. 135:1161-3.

Gao, X., and T.B. Patel. 2009. Regulation of protein kinase A activity by p90 ribosomal S6 kinase 1. *The Journal of biological chemistry*. 284:33070-8.

Gisler, S.M., C. Madjdpour, D. Bacic, S. Pribanic, S.S. Taylor, J. Biber, and H. Murer. 2003. PDZK1: II. an anchoring site for the PKA-binding protein D-AKAP2 in renal proximal tubular cells. *Kidney international*. 64:1746-54.

Gold, M.G., B. Lygren, P. Dokurno, N. Hoshi, G. McConnachie, K. Taskén, C.R. Carlson, J.D. Scott, and D. Barford. 2006. Molecular basis of AKAP specificity for PKA regulatory subunits. *Molecular cell*. 24:383-95.

Gomez, L.L., S. Alam, K.E. Smith, E. Horne, and M.L. Dell'Acqua. 2002. Regulation of A-kinase anchoring protein 79/150-cAMP-dependent protein kinase postsynaptic targeting by NMDA receptor activation of calcineurin and remodeling of dendritic actin. *The Journal of neuroscience : the official journal of the Society for Neuroscience*. 22:7027-44.

Goodwin, S.F., M. Del Vecchio, K. Velinzon, C. Hogel, S.R. Russell, T. Tully, and K. Kaiser. 1997. Defective learning in mutants of the Drosophila gene for a regulatory subunit of cAMP-dependent protein kinase. *The Journal of neuroscience : the official journal of the Society for Neuroscience*. 17:8817-27.

Gottlieb, R. a, and R.S. Carreira. 2010. Autophagy in health and disease. 5. Mitophagy as a way of life. *American journal of physiology. Cell physiology*. 299:C203-10.

Gross, R.E., S. Bagchi, X. Lu, and C.S. Rubin. 1990. Cloning, characterization, and expression of the gene for the catalytic subunit of cAMP-dependent protein kinase in Caenorhabditis elegans. Identification of highly conserved and unique isoforms generated by alternative splicing. *The Journal of biological chemistry*. 265:6896-907.

Grönholm, M., T. Teesalu, J. Tyynelä, K. Piltti, T. Böhling, K. Wartiovaara, A. Vaheri, and O. Carpén. 2005. Characterization of the NF2 protein merlin and the ERM protein ezrin in human, rat, and mouse central nervous system. *Molecular and cellular neurosciences*. 28:683-93.

Grönholm, M., L. Vossebein, C.R. Carlson, J. Kuja-Panula, T. Teesalu, K. Alfthan, A. Vaheri, H. Rauvala, F.W. Herberg, K. Taskén, and O. Carpén. 2003. Merlin links to the cAMP neuronal signaling pathway by anchoring the RIbeta subunit of protein kinase A. *The Journal of biological chemistry*. 278:41167-72.

Hanke, S. 2011. Untersuchung zum Phosphorylierungsstatus der katalytischen Untereinheit der PKA mittels proteomischer Techniken. Dissertati.

Herberg, F.W., a Maleszka, T. Eide, L. Vossebein, and K. Tasken. 2000. Analysis of A-kinase anchoring protein (AKAP) interaction with protein kinase A (PKA) regulatory subunits: PKA isoform specificity in AKAP binding. *Journal of molecular biology*. 298:329-39.

Literatur

Herberg, F.W., S.S. Taylor, and W.R.G. Dostmann. 1996. Active Site Mutations Define the Pathway for the Cooperative Activation of cAMP-Dependent Protein Kinase †. *Biochemistry*. 35:2934-2942.

Horvath, A., J. Bertherat, L. Groussin, M. Guillaud-bataille, K. Tsang, L. Cazabat, R. Libe, E. Remmers, F. René-, F.R. Faucz, E. Clauser, A. Calender, X. Bertagna, A. Carney, and C.A. Stratakis. 2010. Mutations and Polymorphisms in the Gene Encoding Regulatory Subunit Type 1-alpha of Protein Kinase A (PRKAR1A): An Update. *Human Mutation*. 31:369-379.

Huang, L.J., K. Durick, J. a Weiner, J. Chun, and S.S. Taylor. 1997. D-AKAP2, a novel protein kinase A anchoring protein with a putative RGS domain. *Proceedings of the National Academy of Sciences of the United States of America*. 94:11184-9.

Hunter, T. 2000. Signaling--2000 and beyond. *Cell*. 100:113-27.

Imai, S.-I., S. Yasuda, M. Kai, H. Kanoh, and F. Sakane. 2009. Diacylglycerol kinase delta associates with receptor for activated C kinase 1, RACK1. *Biochimica et biophysica acta*. 1791:246-53.

Insel, P. a, L. Zhang, F. Murray, H. Yokouchi, and a C. Zambon. 2011. Cyclic AMP is both a pro-apoptotic and anti-apoptotic second messenger. *Acta physiologica (Oxford, England)*. 1-11.

Jarnaess, E., A. Ruppelt, A.J. Stokka, B. Lygren, J.D. Scott, and K. Taskén. 2008. Dual specificity A-kinase anchoring proteins (AKAPs) contain an additional binding region that enhances targeting of protein kinase A type I. *The Journal of biological chemistry*. 283:33708-18.

Kammerer, S., L.L. Burns-Hamuro, Y. Ma, S.C. Hamon, J.M. Canaves, M.M. Shi, M.R. Nelson, C.F. Sing, C.R. Cantor, S.S. Taylor, and A. Braun. 2003. Amino acid variant in the kinase binding domain of dual-specific A kinase-anchoring protein 2: a disease susceptibility polymorphism. *Proceedings of the National Academy of Sciences of the United States of America*. 100:4066-71.

Kenyon, C. 1988. The nematode Caenorhabditis elegans. *Science*. 240:1448-1453.

Kiely, P. a, G.S. Baillie, R. Barrett, D. a Buckley, D.R. Adams, M.D. Houslay, and R. O'Connor. 2009. Phosphorylation of RACK1 on tyrosine 52 by c-Abl is required for insulin-like growth factor I-mediated regulation of focal adhesion kinase. *The Journal of biological chemistry*. 284:20263-74.

Kiely, P. a, G.S. Baillie, M.J. Lynch, M.D. Houslay, and R. O'Connor. 2008. Tyrosine 302 in RACK1 is essential for insulin-like growth factor-I-mediated competitive binding of PP2A and beta1 integrin and for tumor cell proliferation and migration. *The Journal of biological chemistry*. 283:22952-61.

Kiely, P. a, D. O'Gorman, K. Luong, D. Ron, and R. O'Connor. 2006. Insulin-like growth factor I controls a mutually exclusive association of RACK1 with protein phosphatase 2A and beta1 integrin to promote cell migration. *Molecular and cellular biology*. 26:4041-51.

Kim, S.-H., C.H. Serezani, K. Okunishi, Z. Zaslona, D.M. Aronoff, and M. Peters-Golden. 2011. Distinct protein kinase a anchoring proteins direct prostaglandin E2 modulation of toll-like receptor signaling in alveolar macrophages. *The Journal of biological chemistry*. 1-19.

Kirkin, V., D.G. McEwan, I. Novak, and I. Dikic. 2009. A role for ubiquitin in selective autophagy. *Molecular cell*. 34:259-69.

Kirsch, M.I., B. Hülseweh, C. Nacke, T. Rülker, T. Schirrmann, H.-J. Marschall, M. Hust, and S. Dübel. 2008. Development of human antibody fragments using antibody phage display for the detection and diagnosis of Venezuelan equine encephalitis virus (VEEV). *BMC biotechnology*. 8:66.

Klionsky, D.J., H. Abeliovich, P. Agostinis, D.K. Agrawal, G. Aliev, D.S. Askew, M. Baba, E.H. Baehrecke, B.A. Bahr, A. Ballabio, B.A. Bamber, D.C. Bassham, X. Bi, M. Biard-piechaczyk, J.S. Blum, D.E. Bredesen, J.L. Brodsky, H. Brumell, U.T. Brunk, W. Bursch, N. Camougrand, E. Cebollero, F. Cecconi, L.-shen Chin, A. Choi, C.T. Chu, J. Chung, P.G.H. Clarke, S.B. Robert, S.G. Clarke, C. Clavé, J.L. Cleveland, P. Codogno, M.I. Colombo, A. Coto-, J.M. Cregg, A.M. Cuervo, J. Debnath, F. Demarchi, P.B. Dennis, A. Dennis, V. Deretic, R.J. Devenish, F.D. Sano, J.F. Dice, M. Difiglia, E. Knecht, M. Komatsu, E. Kominami, S. Kondo, A.L. Kovács, G. Kroemer, C.-yi Kuan, R. Kumar, M. Kundu, J. Landry, M. Laporte, W. Le, H.-yao Lei, J. Lenardo, B. Levine, A. Lieberman, K.-leong Lim, F.-cheng Lin, W. Liou, L.F. Liu, G. Lopez-berestein, C. López-otín, B. Lu, K.F. Macleod, W. Martinet, J. Mautner, A.J. Meijer, A. Meléndez, P. Michels, G. Miotto, P. Wilhelm, N. Mizushima, B. Mograbi, I. Monastyrska, M.N. Moore, P.I. Moreira, Y. Moriyasu, T. Motyl, C. Münz, L.O.

Murphy, N.I. Naqvi, T.P. Neufeld, I. Nishino, R.A. Nixon, T. Noda, B. Nürnberg, M. Ogawa, N.L. Oleinick, L.J. Olsen, B. Ozpolat, S. Paglin, G.E. Palmer, et al. 2008. Guidelines for the use and interpretation of assays for monitoring autophagy in higher eukaryotes. *Autophagy*. 151-175.

Kovanich, D., M. a G. van der Heyden, T.T. Aye, T. a B. van Veen, A.J.R. Heck, and A. Scholten. 2010. Sphingosine kinase interacting protein is an A-kinase anchoring protein specific for type I cAMP-dependent protein kinase. *Chembiochem : a European journal of chemical biology*. 11:963-71.

Kurosu, T., a I. Hernández, J. Wolk, J. Liu, and J.H. Schwartz. 2009. Alpha/beta-tubulin are A kinase anchor proteins for type I PKA in neurons. *Brain research*. 1251:53-64.

Kurosu, T., A.I. Hernández, and J.H. Schwartz. 2008. Serotonin induces selective cleavage of the PKA RI subunit but not RII subunit in Aplysia neurons. *Biochem Biophys Res Commun*. 359:563-567.

Laemmli, U.K. 1970. Cleavage of structural proteins during the assembly of the head of bacteriophage T4. *Nature*. 227:680-5.

Landes, T., I. Leroy, A. Bertholet, A. Diot, F. Khosrobakhsh, M. Daloyau, N. Davezac, M.-C. Miquel, D. Courilleau, E. Guillou, A. Olichon, G. Lenaers, L. Arnauné-Pelloquin, L.J. Emorine, and P. Belenguer. 2010. OPA1 (dys)functions. *Seminars in cell & developmental biology*. 21:593-8.

Leist, M., and M. Jäättelä. 2001. Four deaths and a funeral: from caspases to alternative mechanisms. *Nature reviews. Molecular cell biology*. 2:589-98.

Levi, J., A. De, Z. Cheng, and S.S. Gambhir. 2007. Bisdeoxycoelenterazine derivatives for improvement of bioluminescence resonance energy transfer assays. *Journal of the American Chemical Society*. 129:11900-1.

León, D. a, F.W. Herberg, P. Banky, and S.S. Taylor. 1997. A stable alpha-helical domain at the N terminus of the RIalpha subunits of cAMP-dependent protein kinase is a novel dimerization/docking motif. *The Journal of biological chemistry*. 272:28431-7.

Li, X., C. Iomini, D. Hyink, and P.D. Wilson. 2011. PRKX critically regulates endothelial cell proliferation, migration, and vascular-like structure formation. *Developmental biology*. 356:475-85.

Lim, C.J., J. Han, N. Yousefi, Y. Ma, P.S. Amieux, G.S. McKnight, S.S. Taylor, and M.H. Ginsberg. 2007. Alpha4 integrins are type I cAMP-dependent protein kinase-anchoring proteins. *Nature cell biology*. 9:415-21.

Liu, S., Q. Yuan, S. Zhao, J. Wang, Y. Guo, F. Wang, Y. Zhang, Q. Liu, S. Zhang, E.-A. Ling, and A. Hao. 2011. High glucose induces apoptosis in embryonic neural progenitor cells by a pathway involving protein PKCδ. *Cellular signalling*. 23:1366-74.

Liu, Y.V., M.E. Hubbi, F. Pan, K.R. McDonald, M. Mansharamani, R.N. Cole, J.O. Liu, and G.L. Semenza. 2007. Calcineurin promotes hypoxia-inducible factor 1alpha expression by dephosphorylating RACK1 and blocking RACK1 dimerization. *The Journal of biological chemistry*. 282:37064-73.

Lu, X.Y., R.E. Gross, S. Bagchi, and C.S. Rubin. 1990. Cloning, structure, and expression of the gene for a novel regulatory subunit of cAMP-dependent protein kinase in Caenorhabditis elegans. *The Journal of biological chemistry*. 265:3293-303.

Lu, Y., Y.-S. Lu, Y. Shuai, C. Feng, T. Tully, Z. Xie, Y. Zhong, and H.-M. Zhou. 2007. The AKAP Yu is required for olfactory long-term memory formation in Drosophila. *Proceedings of the National Academy of Sciences of the United States of America*. 104:13792-7.

Malenka, R.C., and M.F. Bear. 2004. LTP and LTD : An Embarrassment of Riches. *Neuron*. 44:5-21.

Mamidipudi, V., L.D. Miller, D. Mochly-Rosen, and C.A. Cartwright. 2007. Peptide Modulators of Src Activity in G1 regulate entry into S Phase and Proliferation of NIH 3T3 cells. *Biochem Biophys Res Commun*. 352:423-430.

Mamidipudi, V., and C. a Cartwright. 2009. A novel pro-apoptotic function of RACK1: suppression of Src activity in the intrinsic and Akt pathways. *Oncogene*. 28:4421-33.

Literatur

Mayford, M. 2007. Protein kinase signaling in synaptic plasticity and memory. *Current opinion in neurobiology.* 17:313-7.

Means, C.K., B. Lygren, L.K. Langeberg, A. Jain, R.E. Dixon, A.L. Vega, M.G. Gold, S. Petrosyan, S.S. Taylor, A.N. Murphy, T. Ha, L.F. Santana, K. Tasken, and J.D. Scott. 2011. An entirely specific type I A-kinase anchoring protein that can sequester two molecules of protein kinase A at mitochondria. *Proceedings of the National Academy of Sciences of the United States of America.* 108:E1227-35.

Medrihan, L., A. Rohlmann, R. Fairless, J. Andrae, M. Döring, M. Missler, W. Zhang, and M.W. Kilimann. 2009. Neurobeachin, a protein implicated in membrane protein traffic and autism, is required for the formation and functioning of central synapses. *The Journal of physiology.* 587:5095-106.

Merrihew, G.E., C. Davis, B. Ewing, G. Williams, L. Käll, B.E. Frewen, W.S. Noble, P. Green, J.H. Thomas, and M.J. MacCoss. 2008. Use of shotgun proteomics for the identification, confirmation, and correction of C. elegans gene annotations. *Genome research.* 18:1660-9.

Moita, M. a P., R. Lamprecht, K. Nader, and J.E. LeDoux. 2002. A-kinase anchoring proteins in amygdala are involved in auditory fear memory. *Nature neuroscience.* 5:837-8.

Montminy, M.R., G. a Gonzalez, and K.K. Yamamoto. 1990. Regulation of cAMP-inducible genes by CREB. *Trends in neurosciences.* 13:184-8.

Moujalled, D., R. Weston, H. Anderton, R. Ninnis, P. Goel, A. Coley, D.C.S. Huang, L. Wu, A. Strasser, and H. Puthalakath. 2011. Cyclic-AMP-dependent protein kinase A regulates apoptosis by stabilizing the BH3-only protein Bim. *EMBO reports.* 12:77-83.

Mucignat-Caretta, C., A. Cavaggioni, M. Redaelli, M. Malatesta, C. Zancanaro, and A. Caretta. 2008. Selective distribution of protein kinase A regulatory subunit RII{alpha} in rodent gliomas. *Neuro-oncology.* 10:958-67.

Mucignat-Caretta, C., and a Caretta. 2001. Localization of Triton-insoluble cAMP-dependent kinase type RIbeta in rat and mouse brain. *Journal of neurocytology.* 30:885-94.

Mucignat-Caretta, C., and A. Caretta. 2011. Aggregates of cAMP-Dependent Kinase Isoforms Characterize Different Areas in the Developing Central Nervous System of the Chicken, Gallus gallus. *Developmental neuroscience.* 33:144-58.

Neasta, J., P. a Kiely, D.-Y. He, D.R. Adams, R. O'Connor, and D. Ron. 2011. Direct interaction between the scaffolding proteins RACK1 and 14-3-3ζ regulates brain-derived neurotrophic factor (BDNF) transcription. *The Journal of biological chemistry.*

Neumann, S.A., W.G. Tingley, B.R. Conklin, C.J. Shrader, E. Peet, M.F. Muldoon, J.R. Jennings, R.E. Ferrell, and S.B. Manuck. 2009. AKAP10 (I646V) Functional Polymorphism Predicts Heart Rate and Heart Rate Variability in Apparently Healthy, Middle-aged European-Americans. *Psychophysiology.* 46:466-472.

Onyango, I.G., J. Lu, M. Rodova, E. Lezi, A.B. Crafter, and R.H. Swerdlow. 2010. Regulation of neuron mitochondrial biogenesis and relevance to brain health. *Biochimica et biophysica acta.* 1802:228-34.

Pascale, a, I. Fortino, S. Govoni, M. Trabucchi, W.C. Wetsel, and F. Battaini. 1996. Functional impairment in protein kinase C by RACK1 (receptor for activated C kinase 1) deficiency in aged rat brain cortex. *Journal of neurochemistry.* 67:2471-7.

Pawson, C.T., and J.D. Scott. 2010. Signal integration through blending, bolstering and bifurcating of intracellular information. *Nature, Struct. Mol Biol.* 17:653-658.

Pfleger, K.D.G., and K. a Eidne. 2006. Illuminating insights into protein-protein interactions using bioluminescence resonance energy transfer (BRET). *Nature methods.* 3:165-74.

Pidoux, G., O. Witczak, E. Jarnæss, L. Myrvold, H. Urlaub, A.J. Stokka, T. Küntziger, and K. Taskén. 2011. Optic atrophy 1 is an A-kinase anchoring protein on lipid droplets that mediates adrenergic control of lipolysis. *The EMBO journal.* 1-16.

Pidoux, G., and K. Taskén. 2010. Specificity and spatial dynamics of protein kinase A signaling organized by A-kinase-anchoring proteins. *Journal of molecular endocrinology.* 44:271-84.

Literatur

Prinz, A., M. Diskar, and F.W. Herberg. 2006. Application of Bioluminescence Resonance Energy Transfer (BRET) for Biomolecular Interaction Studies. *History*. 7:1007-1012.

Ragazzon, B., L. Cazabat, M. Rizk-Rabin, G. Assie, L. Groussin, H. Fierrard, K. Perlemoine, A. Martinez, and J. Bertherat. 2009. Inactivation of the Carney complex gene 1 (protein kinase A regulatory subunit 1A) inhibits SMAD3 expression and TGF beta-stimulated apoptosis in adrenocortical cells. *Cancer research*. 69:7278-84.

Rami, A., and D. Kögel. 2008. Apoptosis meets autophagy-like cell death in the ischemic penumbra. *Autophagy*. 4:422-426.

Rebecca J. Bird*, G.S.B. and S.J.Y. 2010. Interaction with Receptor for Activated C Kinase 1 (RACK1) Sensitises PDE4D5 towards Hydrolysis of Cyclic AMP and Activation by Protein Kinase C. *Biochemical Journal*. 1.

Rodriguez, M.M., D. Ron, K. Touhara, C.-H. Chen, and D. Mochly-Rosen. 1999. RACK1, a Protein Kinase C Anchoring Protein, Coordinates the Binding of Activated Protein Kinase C and Select Pleckstrin Homology Domains in Vitro †. *Biochemistry*. 38:13787-13794.

Ron, D., C.H. Chen, J. Caldwell, L. Jamieson, E. Orr, and D. Mochly-Rosen. 1994. Cloning of an intracellular receptor for protein kinase C: a homolog of the beta subunit of G proteins. *Proceedings of the National Academy of Sciences of the United States of America*. 91:839-43.

Rothbauer, U., K. Zolghadr, S. Muyldermans, A. Schepers, M.C. Cardoso, and H. Leonhardt. 2008. A versatile nanotrap for biochemical and functional studies with fluorescent fusion proteins. *Molecular & cellular proteomics : MCP*. 7:282-9.

Sarge, K.D., and O.-K. Park-Sarge. 2009. Sumoylation and human disease pathogenesis. *Trends in biochemical sciences*. 34:200-5.

Sarma, G.N., F.S. Kinderman, C. Kim, S. von Daake, L. Chen, B.-C. Wang, and S.S. Taylor. 2010. Structure of D-AKAP2:PKA RI complex: insights into AKAP specificity and selectivity. *Structure (London, England : 1993)*. 18:155-66.

Schäffer, U., A. Schlosser, K.M. Müller, A. Schäfer, N. Katava, R. Baumeister, and E. Schulze. 2010. SnAvi--a new tandem tag for high-affinity protein-complex purification. *Nucleic acids research*. 38:e91.

Scott, J.D., and T. Pawson. 2009. Cell Signaling in Space and Time: Where Proteins Come Together and When They're Apart. *Science*. 326:1220-1224.

Shamas-Din, A., H. Brahmbatt, B. Leber, and D.W. Andrews. 2010. BH3-only proteins: Orchestrators of Apoptosis. *Biochimica et biophysica acta*.

Sinha, S., and B. Levine. 2008. The autophagy effector Beclin 1: a novel BH3-only protein. *Oncogene*. 27:137-148.

Skalhegg, B.S., and K. Tasken. 2000. SPECIFICITY IN THE cAMP/PKA SIGNALING PATHWAY. DIFFERENTIAL EXPRESSION, REGULATION, AND SUBCELLULAR LOCALIZATION OF SUBUNITS OF PKA. *Frontiers in Bioscience*. 5:678-693.

Sklan, E.H., E. Podoly, and H. Soreq. 2006. RACK1 has the nerve to act: structure meets function in the nervous system. *Progress in neurobiology*. 78:117-34.

Skroblin, P., S. Grossmann, G. Schäfer, W. Rosenthal, and E. Klussmann. 2010. Mechanisms of protein kinase a anchoring. *International review of cell and molecular biology*. 283:235-330.

Smith, F.D., L.K. Langeberg, C. Cellurale, T. Pawson, K. Morrison, R.J. Davis, and J.D. Scott. 2011. AKAP-Lbc enhances cyclic AMP control of the ERK1/2 cascade. *Nature cell biology*. 12:1242-1249.

Sperandio, S., I. de Belle, and D.E. Bredesen. 2000. An alternative, nonapoptotic form of programmed cell death. *Proceedings of the National Academy of Sciences of the United States of America*. 97:14376-81.

Stamenkovic, I., and Q. Yu. 2010. Merlin, a "magic" linker between extracellular cues and intracellular signaling pathways that regulate cell motility, proliferation, and survival. *Current protein & peptide science*. 11:471-84.

Literatur

Szabà, G., P.S. Pine, J.L. Weaver, M. Kasari, and a Aszalos. 1992. Epitope mapping by photobleaching fluorescence resonance energy transfer measurements using a laser scanning microscope system. *Biophysical journal.* 61:661-70.

Taskén, K., and E.M. Aandahl. 2004. Localized effects of cAMP mediated by distinct routes of protein kinase A. *Physiological reviews.* 84:137-67.

Taylor, S.S., J. Yang, J. Wu, N.M. Haste, E. Radzio-Andzelm, and G. Anand. 2004. PKA: a portrait of protein kinase dynamics. *Biochimica et biophysica acta.* 1697:259-69.

Thornton, C., K.-C. Tang, K. Phamluong, K. Luong, A. Vagts, D. Nikanjam, R. Yaka, and D. Ron. 2004. Spatial and temporal regulation of RACK1 function and N-methyl-D-aspartate receptor activity through WD40 motif-mediated dimerization. *The Journal of biological chemistry.* 279:31357-64.

Tingley, W.G., L. Pawlikowska, J.G. Zaroff, T. Kim, T. Nguyen, S.G. Young, K. Vranizan, P.-Y. Kwok, M. a Whooley, and B.R. Conklin. 2007. Gene-trapped mouse embryonic stem cell-derived cardiac myocytes and human genetics implicate AKAP10 in heart rhythm regulation. *Proceedings of the National Academy of Sciences of the United States of America.* 104:8461-6.

Tiwari, M., M. Lopez-Cruzan, W.W. Morgan, and B. Herman. 2011. Loss of Caspase-2-dependent Apoptosis Induces Autophagy after Mitochondrial Oxidative Stress in Primary Cultures of Young Adult Cortical Neurons. *The Journal of biological chemistry.* 286:8493-506.

Torheim, E. a, E. Jarnaess, B. Lygren, and K. Taskén. 2009. Design of proteolytically stable RI-anchoring disruptor peptidomimetics for in vivo studies of anchored type I protein kinase A-mediated signalling. *The Biochemical journal.* 424:69-78.

Viste, K., R.K. Kopperud, A.E. Christensen, and S.O. Døskeland. 2005. Substrate enhances the sensitivity of type I protein kinase a to cAMP. *The Journal of biological chemistry.* 280:13279-84.

Walsh, K.A., J.P. Perkins, and E.G. Krebs. 1968. An Adenosine 3´, 5´- Monophosphate-dependant Protein Kinase from Rabbit Skeletal Muscle. *Communications.* 243:3763-3765.

Wang, F., T. Osawa, R. Tsuchida, Y. Yuasa, and M. Shibuya. 2011a. Downregulation of receptor for activated C-kinase 1 (RACK1) suppresses tumor growth by inhibiting tumor cell proliferation and tumor-associated angiogenesis. *Cancer science.* 102:2007-2013.

Wang, L., R.K. Sunahara, a Krumins, G. Perkins, M.L. Crochiere, M. Mackey, S. Bell, M.H. Ellisman, and S.S. Taylor. 2001. Cloning and mitochondrial localization of full-length D-AKAP2, a protein kinase A anchoring protein. *Proceedings of the National Academy of Sciences of the United States of America.* 98:3220-5.

Wang, M.-J., Z.-G. Zhou, L. Wang, Y.-Y. Yu, P. Zhang, Y. Zhang, C.-F. Cui, L. Yang, Y. Li, B. Zhou, and X.-F. Sun. 2009. The Ile646Val (2073A>G) polymorphism in the kinase-binding domain of A-kinase anchoring protein 10 and the risk of colorectal cancer. *Oncology.* 76:199-204.

Wang, Q., Z. Chen, X. Diao, and S. Huang. 2011b. Induction of autophagy-dependent apoptosis by the survivin suppressant YM155 in prostate cancer cells. *Cancer letters.* 302:29-36.

Wang, X., F.W. Herberg, M.M. Laue, C. Wullner, B. Hu, E. Petrasch-Parwez, and M.W. Kilimann. 2000. Neurobeachin: A protein kinase A-anchoring, beige/Chediak-higashi protein homolog implicated in neuronal membrane traffic. *The Journal of neuroscience : the official journal of the Society for Neuroscience.* 20:8551-65.

Wehner, P., I. Shnitsar, H. Urlaub, and A. Borchers. 2011. RACK1 is a novel interaction partner of PTK7 that is required for neural tube closure. *Development (Cambridge, England).* 138:1321-7.

Weissman, A.M., N. Shabek, and A. Ciechanover. 2011. The predator becomes the prey: regulating the ubiquitin system by ubiquitylation and degradation. *Nature Reviews Molecular Cell Biology.* 12:605-620.

Welch, E.J., B.W. Jones, and J.D. Scott. 2010. Networking with AKAPs- Context dependent regulation of anchored enzymes. *Review Literature And Arts Of The Americas.* 10:86-97.

Literatur

Wilkinson, K. a, Y. Nakamura, and J.M. Henley. 2010. Targets and consequences of protein SUMOylation in neurons. *Brain research reviews*. 64:195-212.

Wirtenberger, M., J. Schmutzhard, K. Hemminki, A. Meindl, C. Sutter, R.K. Schmutzler, B. Wappenschmidt, M. Kiechle, N. Arnold, B.H.F. Weber, D. Niederacher, C.R. Bartram, and B. Burwinkel. 2007. The functional genetic variant Ile646Val located in the kinase binding domain of the A-kinase anchoring protein 10 is associated with familial breast cancer. *Carcinogenesis*. 28:423-6.

Wu, Y., Y. Wang, Y. Sun, L. Zhang, D. Wang, F. Ren, D. Chang, Z. Chang, and B. Jia. 2010. RACK1 promotes Bax oligomerization and dissociates the interaction of Bax and Bcl-XL. *Cellular signalling*. 22:1495-501.

Xu, M., and H.-L. Zhang. 2011. Death and survival of neuronal and astrocytic cells in ischemic brain injury: a role of autophagy. *Acta pharmacologica Sinica*. 1-11.

Xu, Y., D.W. Piston, and C.H. Johnson. 1999. A bioluminescence resonance energy transfer (BRET) system: application to interacting circadian clock proteins. *Proceedings of the National Academy of Sciences of the United States of America*. 96:151-6.

Yatime, L., K.L. Hein, J. Nilsson, and P. Nissen. 2011. Structure of the RACK1 Dimer from Saccharomyces cerevisiae. *Journal of molecular biology*. 411:486-498.

Zaccolo, M. 2004. Use of chimeric fluorescent proteins and fluorescence resonance energy transfer to monitor cellular responses. *Circulation research*. 94:866-73.

Zeller, C.E., S.C. Parnell, and H.G. Dohlman. 2007. The RACK1 ortholog Asc1 functions as a G-protein beta subunit coupled to glucose responsiveness in yeast. *The Journal of biological chemistry*. 282:25168-76.

Zhu, Y., L. Zhao, L. Liu, P. Gao, W. Tian, X. Wang, H. Jin, H. Xu, and Q. Chen. 2010. Beclin 1 cleavage by caspase-3 inactivates autophagy and promotes apoptosis. *Protein & cell*. 1:468-77.

Zimmermann, B., J. a Chiorini, Y. Ma, R.M. Kotin, and F.W. Herberg. 1999. PrKX is a novel catalytic subunit of the cAMP-dependent protein kinase regulated by the regulatory subunit type I. *The Journal of biological chemistry*. 274:5370-8.

Zinman, L., and M. Cudkowicz. 2011. Emerging targets and treatments in amyotrophic lateral sclerosis. *Lancet neurology*. 10:481-90.

7 Anhang

7.1 Ergebnis-Tabellen einiger potenzieller R-bindenden Proteine aus *in silico* und affinitätschromatographischen Analysen

Einige potenzielle AKAPs aus *C. elegans*, die mittels *in silico* Recherchen und anschließenden *Peptide Spot Arrays* identifiziert wurden, sind in Tabelle 15 aufgeführt. Potenzielle Helices der Proteine agef-1, rgs5, eat-3, nfm-1, erm-1, C56G2.1 sowie AKAP$_{CE}$ wurden in Oslo in der AG Prof. K. Taskén von Frau Dr. B. Lygren synthetisiert und auf den *Peptide Spot Array* gebracht. Alle der getesteten Proteine zeigten eine Bindung an die R-UE der PKA. Teilweise wurden mehrere potenzielle Helices der einzelnen Proteine auf den Chip aufgebracht. Agef-1 enthält drei potenzielle amphipathische Helices, von denen zwei ein Bindungssignal mit kin2 G95S zeigten.

Tabelle 15: Einige Kandidaten der in silico Recherche nach potenziellen AKAPs in *C. elegans* (Informationen zusammengefasst aus den Datenbanken UniProt und wormbase.org).

bekanntes AKAP (nach UniProt)		Protein ID (UniProt)	potenzielles Funktionshomolog aus *C. elegans*	(Zusatzinformation und Protein ID entnommen: wormbase.org)	Protein ID (UniProt)
BIG2	„Brefeldin A-inhibited guaninenucleotide-exchange protein 2"	Q9Y6D5	agef-1	„Arf-1 Guanine nucleotide Exchange Factor homolog"	Q9XWG5
Neurobeachin		NP_056493	sel-1		Q19317
PAP7 (ACBD3)		AAH60793	Y41E3.7b	„ Protein involved in maintenance of Golgi structure and ER-Golgi transport"	
			Y41E3.7c		
WAVE-1/ SCAR		GeneID: 8937	wve-1	R06C1.3a	Q9XVK6
				R06C1.3b	F5GUF0
Ezrin		P15311	ERM-1		Q76E19
AKAP10	„D-AKAP2"	O43572	rgs5	B0336.4b	A9Z1K1
				B0336.4a	Q10955
AKAP1	„AKAP149,D-AKAP1"	Q92667		C56G2.1	
Merlin	„Schwannomin, NF2"	P35241	nfm-1	F42A10.2	Q20307
OPA-1	„optic athrophy 1"	O60313	eat-3	D2013.5	Q18965

Einige potenzielle R-UE bindende Proteine, die bei der Analyse der massenspektrometrischen Daten der „*pulldown*"-Experimente identifiziert werden konnten, sind in Tabelle 16 aufgeführt. Weiterhin konnte in den affinitätschromatographischen Ansätzen das Protein erm-1 identifiziert werden, welches im Rahmen der *in silico* Recherchen bereits aufgeführt wurde.

Tabelle 16: Einige potenzielle R-UE bindende Proteine aus den in dieser Arbeit durchgeführten „*pulldown*"-Experimenten (Informationen zusammengefasst aus der Datenbank UniProt).

Protein	Beschreibung (nach UniProt)	Identifikation (ID nach UniProt Datenbank)
clp-7	„belongs to calpain family"	Y77E11A.11
uso-1	„uso-1 encodes the *C. elegans* ortholog of the Uso1/p115 vesicle tethering protein that in yeast has been shown to function in endoplasmic reticulum-to-Golgi transport; RNAi screens indicate that uso-1 activity is required for normal fat content and distal tip cell migration"	K09B11.9
Y110A7A.19	„uncharacterized protein with pentatricopeptid repeat motif mitochondrial (PTCD3) "	KOG4422
erm-1	„ERM Protein"	C01G8.5
dys-1	„dystrophin like"	F15D3.1
RACK-1	„G protein beta subunit-like protein"	K04D7.1
apa-2	„alpha-adaptin (clathrin 141associated complex) "	T20B5.1
nsf-1	„NSF (N-ethylmaleimide sensitive secretion factor) homolog "	H15N14.2
Matrin-3	„Aus PD F11 Zellen mit kin2"	P43243

Mit Ausnahme des RACK1 Proteins konnten bisher keine weiteren Kandidatenproteine auf ihre Bindung an R-UE weiter untersucht werden.

7.2 DNA-Klonliste

Insert (cds)	Promotor	Vektor	Resistenz	Klonierung	verantwortlich
GFP^2-Rluc8	rab-3	BRET^2 Vektor backbone	zeo		MD
GFP^2-Rluc8	myo-3	pPD114.95	amp		SB
RLuc8	myo-3	pPD114.95	amp		SB
EPAClang	myo-3	pPD114.95	amp		SB
kin-2	kin2 endogen	pPD114.95	amp		SB
GFP with gaps	kin2 endogen	pPD114.95	amp	HindIII/BamHI	SB
EPAClang	rab-3	#KG72	zeo	BsrGI/SacII	SB
RLuc8	rab-3	#KG72	zeo	NheI/SacII blunt	SB
SnAvi-N2	CMV	pGFP^2 N2	zeo	AgeI/NotI	SB
hRACK1-SnAvi	CMV	pSnAvi-N2	zeo	PstI/KpnI	SB
kinProm::kin-2::SnAvi	kin2 endogen: CMV	pEGFP-N1	kanamycin		SB
EBP50-GFP	CMV	pGFP^2 N2	zeo		SB
EBP50-Rluc	CMV	pRlucN2	kanamycin		SB
rgs5-GFP^2	CMV	pGFP^{2}C	zeo	EcoRI/BamHI	SB
Rluc-rgs5	CMV	pRlucC	kanamycin	EcoRI/BamHI	SB
Rluc-rgs5 M404I	CMV	pRlucC	kanamycin	EcoRI/BamHI	SB
Rluc-rgs5 M404V	CMV	pRlucC	kanamycin	EcoRI/BamHI	SB
GFP^2-ceRACK1	CMV	pGFP^2-C2	zeo	PstI/KpnI	SB

Anhang

ceRACK1-GFP²	CMV	pGFP²-N3	zeo	PstI/KpnI	SB
Rluc-ceRACK1	CMV	pRluc-C3	kanamycin	PstI/KpnI	SB
ceRACK1-Rluc	CMV	pRluc-N3	kanamycin	PstI/KpnI	SB
ceRACK WD1-2-GFP²	CMV	pGFP²-N2	zeo	PstI/KpnI	SB
ceRACK WD3-5-GFP²	CMV	pGFP²-N2	zeo	PstI/KpnI	SB
ceRACK WD6-7-GFP²	CMV	pGFP²-N2	zeo	PstI/KpnI	SB
ceRACK WD1-2	CMV	pGFP²-N2	zeo	AgeI/NotI	SB
ceRACK WD3-5	CMV	pGFP²-N2	zeo	AgeI/NotI	SB
ceRACK WD6-7	CMV	pGFP²-N2	zeo	AgeI/NotI	SB
hRACK1 WD1-2-GFP²	CMV	pGFP²-N2	zeo	PstI/KpnI	SB
hRACK1 WD3-5-GFP²	CMV	pGFP²-N2	zeo	PstI/KpnI	SB
hRACK1 WD6-7-GFP²	CMV	pGFP²-N2	zeo	PstI/KpnI	SB
Δ1-92 hRIβ	CMV	pRluc-N3, GFP²-N1	kanamycin, zeo	XhoI/HindIII; SacI/HindIII	SB
Δ1-92 hRIα	CMV	pRluc-N3, GFP²-N1	kanamycin, zeo	BglII/HindIII	SB
ceRACK1 R38D/K40E GFP²	CMV	pGFP²-N3	zeo		SB
hRACK1 R36D/K38E GFP²	CMV	pGFP²-N3	zeo		SB
Rluc-hRIβ-BH3	CMV	Rluc-C1, GFP²-C3	kanamycin	PstI/HindIII	SB
Rluc-kin2-BH3	CMV	Rluc-C2, GFP²-C1	kanamycin	XhoI/HindIII	SB
hRIβ L366E	CMV	Rluc-N, GFP²-N1	kanamycin	in GFP via BglII/HindIII aus RlucN	SB
Rluc-hRIβ-BH3 L366E	CMV	Rluc-C1, GFP²-C3	kanamycin	PstI/ HindIII	SB
kin1	T7	pET30a	kan30	NdeI/ BamHI	SB
kin2	T7	pET30a	kan30	NdeI/ HindIII	SB
His-hRACK1	T7	pRSETc	amp	PstI/KpnI	SB
His-ceRACK1	T7	pRSETc	amp	PstI/KpnI	SB
His-ceRACK WD1-2	T7	pRSETc	amp	PstI/KpnI	SB
His-ceRACK WD3-5	T7	pRSETc	amp	PstI/KpnI	SB
His-ceRACK WD6-7	T7	pRSETc	amp	PstI/KpnI	SB
His-hRACK1 WD1-2	T7	pRSETc	amp	PstI/KpnI	SB
His-hRACK1 WD3-5	T7	pRSETc	amp	PstI/KpnI	SB
His-hRACK1 WD6-7	T7	pRSETc	amp	PstI/KpnI	SB
hRIβ G99S	T7	pRSETc	amp	NdeI/HindIII	SB
kin2 G95S	T7	pRSETc	amp	NdeI/HindIII	SB
Δ1-92 hRIβ	T7	pRSETc	amp	XhoI/HindIII	SB
1-360 Stop hRIβ	T7	pRSETc	amp	XhoI/HindIII	SB
L366E hRIβ	T7	pRSETc	amp	XhoI/HindIII	SB
Δ1-92 hRIβ GFP²	T7	pET30a	kan30	NotI/ SacI	SB
1-360 Stop hRIβ GFP²	T7	pET30a	kan30	NotI/ SacI	SB
L366E hRIβ GFP²	T7	pET30a	kan30	NotI/ SacI	SB
GFP² BH3 hRIβ	T7	pRSETc	amp	NheI/HindIII	SB
hRIβ wt GFP²	T7	pET30a	kan30	NotI/ SacI	SB

Anhang

7.2.1 SPR Studien

A

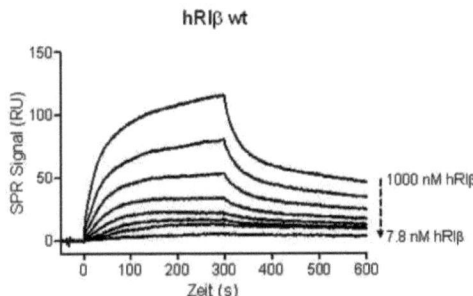

B

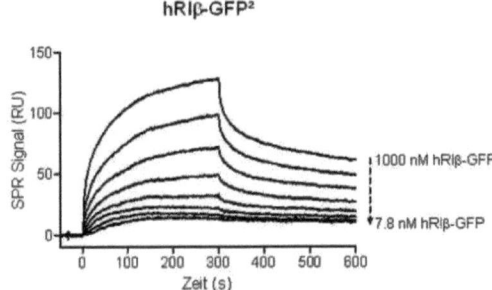

C

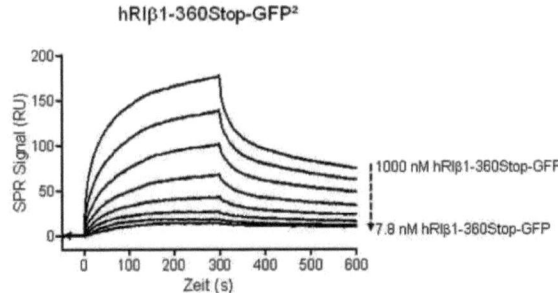

Anhang

D

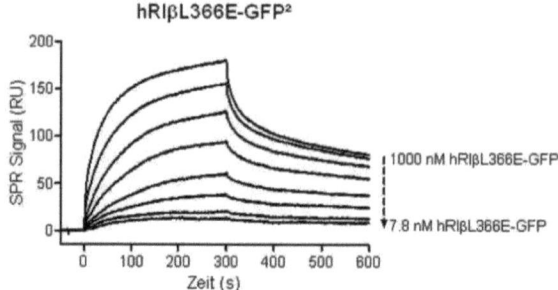

E

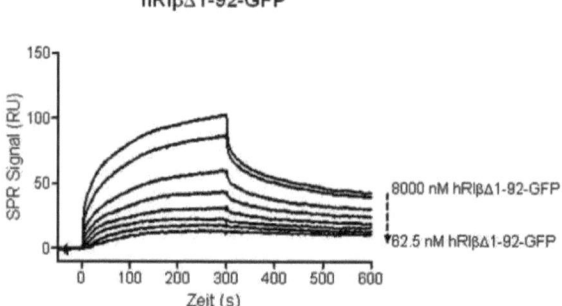

Abbildung 47 *In vitro* Bindung von hRIβ an His-hRACK1 mittels Biacore 3000. Zur Analyse wurden die verwendeten Proteine in *E.coli* Zellen ÜN bei RT exprimiert und anschließend mittels affinitätschromatographischen Ansätzen gereinigt. Zur Messung wurde ein CM5-Chip mit Nickel-NTA gekoppelt um anschließend etwa 900 RU His-hRACK1 kovalent auf die Oberfläche zu binden. Im Anschluss wurden die unterschiedlichen, bereits im BRET² System analysierten hRIβ Konstrukte, im Fluss über RACK1 geleitet. Die Assoziations- sowie Dissoziationszeit betrug in allen durchgeführten Biacore Messungen jeweils drei Minuten. **A** Bindung einer Konzentrationsreihe der hRIβ wt an His-hRACK1. **B** Bindung der hRIβ wt-GFP² an hRACK1. Es wurde sowohl mit GFP² Fusionsanteil und nicht sehr sauberem Protein eine ähnliche Bindungskurve erhalten wie in A. **C** Konzentrationsreihe der RIβ 1-360 Stop-GFP² Mutante. **D** Konzentrationsreihe hRIβ L366E-GFP² an hRACK1. **E** Konzentrationsreihe der N-Terminalen Deletionsmutante Δ1-92 mit GFP² Fusionsanteil. Hier wurde vierfach mehr RIβ Konstrukt analysiert, als bei den vorangegangenen Messungen, um ein ähnliches Bindungssignal zu generieren. Diese Bindungsstudien wurden mindestens zweimal in unabhängigen Messungen durchgeführt (neu gekoppeltes His-RACK1 mit jeweils frisch gereinigter R-UE). Allerdings ist eine quantifizierende Auswertung nicht möglich, da die R-UE nicht sauber gereinigt werden konnten und die Proteinkonzentrationen quantitativ ermittelt wurden.

In Abbildung 47 wurden die Rohdaten der einzelnen Interaktionsdaten, der getesteten RIβ-UE inklusive der Deletionsmutanten mit Ausnahme des GFP^2-BH3 Konstruktes, dargestellt. Dieses konnte nicht aus *E. coli* gereinigt werden, da kein Tag für eine Reinigung mittels Affinitätschromatographie vorhanden war. Ebenso ist das Konstrukt BH3-RIβ nicht mehr in der Lage cAMP zu binden, was eine Reinigung mittels cAMP-Agarose ausschließt. Eine Möglichkeit ergibt sich unter Verwendung von His-fusionierten GFP-Nanobodies (siehe Kapitel 4.1.1).

Für die analysierte Interaktion des RIβ- und kin2 G95S- Holoenzyms an RACK1 mittels SPR ergeben sich die in Abbildung 48 dargestellten Bindungskurven. Nach einer quantitativen Auswertung der Daten ergibt sich für die Interaktion der RIβ Holoenzyms an RACK1 ein K_D Wert von 500 nM und für die kin2 G95S im Holoenzym mit hCα an RACK1 ein K_D von 370 nM (siehe Abbildung 48).

Die Bindungskinetik der untersuchten Interaktion RACK1: kin2 G95S Holoenzym zeigt keinen Unterschied zwischen potenziell von PKA phosphoryliertem RACK1 und unphosphoryliertem RACK1 (siehe Abbildung 48 B).

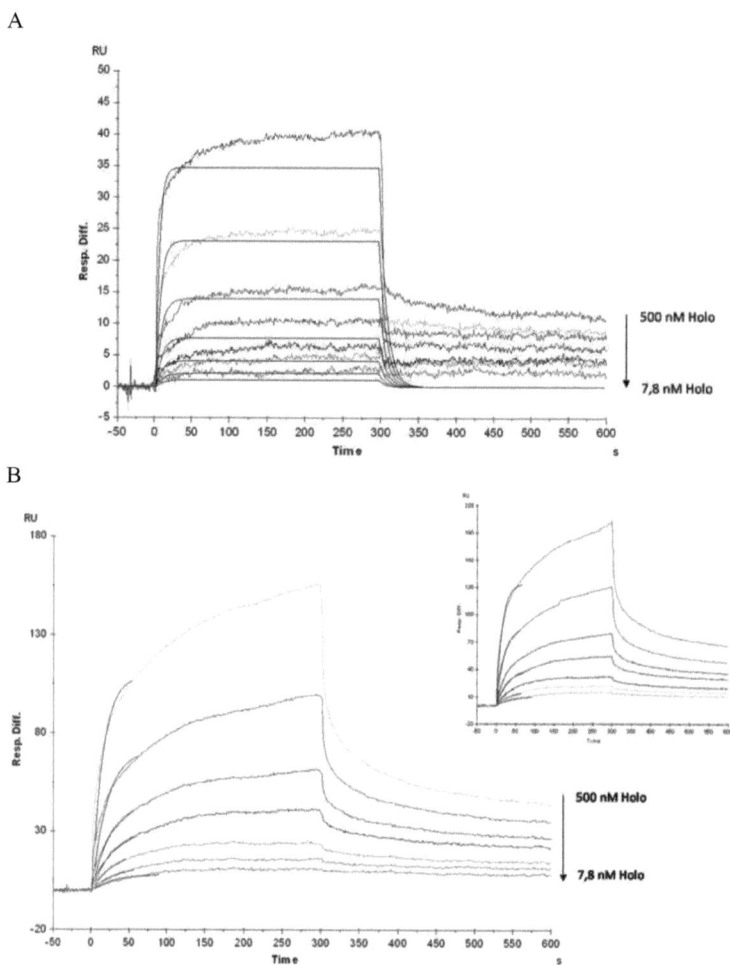

Abbildung 48 Analyse der Bindung von Holoenzymen an hRACK1 mittels SPR. A stellt die Daten mit Bindungskinetik des hRIβ im Holoenzym mit der hCα dar. Diese für das Holoenzym dargestellten Bindungskurven zeigen eine vom Dimer leicht abweichende Bindungskinetik. In **B** wurde RACK1 kovalent gekoppelt und die Bindung an kin2 G95S Holoenzym analysiert, ohne RACK1 zuvor potenziell PKA abhängig zu phosphorylieren. Das *Inset* zeigt die Verdünnungsreihe des Holoenzyms kin2 G95S: hCα an RACK1, wobei in dieser Flusszelle vor Beginn der Analyse eine aktive Cα in Anwesenheit von Mg^{2+}-Ionen und ATP über das kovalent gekoppelte RACK1 geleitet wurde. Die statistische Analyse mit der Biacore Software ergibt für die Bindung des hRIβ Holoenzyms an RACK1 einen K_D Wert von 500 nM. Für das kin2 Holoenzym lässt sich der K_D Wert für die Interaktion mit RACK1 von 360 nM (*Inset*) und 370 nM.

Anhang

7.3 Aktivierung des RIβ-Holoenzyms im BRET² System ist reversibel

Nachdem sich das Holoenzym der RIβ mit hCα in Gegenwart von RACK1 zu etwa 35% aktivieren lässt (siehe Abbildung 25 C und D), soll in Abbildung 49 gezeigt werden, dass die Aktivierung des Holoenzyms nach Stimulation mit Forskolin und IBMX (F/I) in lebenden Zellen reversibel ist. Nach der Zeitreihe der Aktivierung (10 min) wurden die Zellen mit 1x PBS gewaschen und unter Zugabe von Coelenterazin 400a erneut für zehn Minuten vermessen.

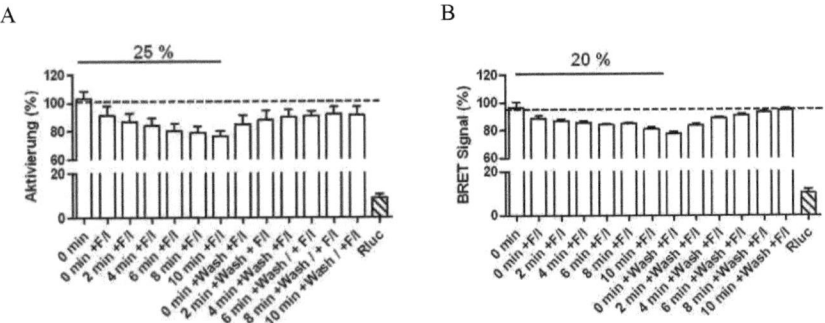

Abbildung 49 Die Aktivierung des RIβ Holoenzyms im BRET² System ist in An- und Abwesenheit von RACK1 in Cos7 Zellen reversibel. Die Zellen wurden mit PEI transient transfiziert und die Proteinexpression erfolgte für 24 h bei 37°C und 5% CO_2. Vor der Messung im Mikrotiterplattenlesegerät wurde das Luziferasesubstrat Coelenterazin 400a in Forskolin/ IBMX (F/I) aufgenommen und auf die Zellen gegeben. Eine Messung der Platte erfolgte alle 2 Minuten. Nach 10 Minuten ist das Holoenzym maximal aktiviert. Die Zellen wurden nochmals mit PBS gewaschen und umgehend mit Coelenterazin 400a versetzt, neu vermessen. In **A** ist die Aktivierung des RIβ Holoenzyms mit hCα in Gegenwart von RACK1, in einer Zeitreihe aufgenommen, dargestellt. Nach dem durchgeführten Waschschritt zeigt sich, dass das Signal der 25 %-Aktivierung nahezu vollständig reversibel ist. Nach weiteren 10 Min ist das BRET² Signal auf dem ursprünglichen Niveau von etwa 100 %. In **B** wurde die Zeitreihe der Holoenzymaktivierung in Abwesenheit von RACK1 wiederholt. Hier lässt sich das Holoenzym maximal 20 % aktivieren, wobei das Signal 10 Min nach dem Waschen der Zellen mit 1x PBS vollständig wiederhergestellt werden kann.

In Abbildung 49A lässt sich das RIβ Holoenzym in Anwesenheit von RACK1 nach 10 Min bis zu 25% aktivieren. Diese Aktivierung durch Zugabe von Forskolin und IBMX ist nach dem Waschen der Zellen und weiteren 10 Min vollständig reversibel (gestrichelte Linie). Das Holoenzym der RIβ in Abwesenheit von RACK1 lässt sich unter Vollstimulation zu etwa

Anhang

20 % aktivieren, wobei auch dieses Signal, nach Waschen der Zellen mit Puffer, vollständig zum Ausgangswert 100 % zurückkehrt (Abbildung 49B).

7.4 DNA-Leiter Test

Nach einigen Versuchswiederholungen zum Nachweis der DNA Fragmentierung unter Verwendung des DNA Leiter Kits der Firma Promokine, konnte in keinem der Ansätze ein vollständiges Ergebnis erzielt werden, wobei in der Abbildung 50 ein repräsentatives Ergebnis des durchgeführten DNA-Leiter Versuchs dargestellt wurde. Mindestens eine Kontrolle ist pro Ansatz aus nicht geklärten Gründen immer ausgefallen.

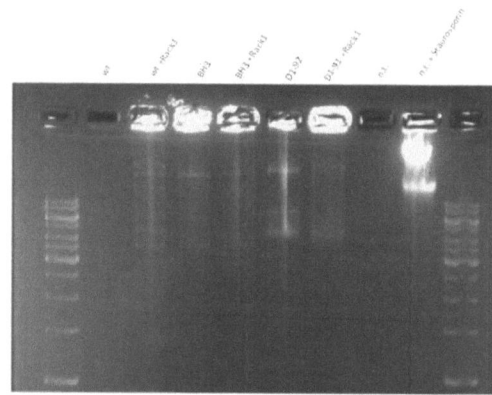

Abbildung 50 Apoptose Nachweis mittels „DNA ladder Kit" der Firma Promokine. Für diesen Versuchsansatz wurden $1 \cdot 10^5$ Cos7 Zellen mit den zu untersuchenden Fusionskonstrukten transfiziert. Die Proteinexpression erfolgte für 24 Stunden bei 37°C und 5% CO_2. Nicht transfizierte Zellen wurden als positiv Kontrolle mit Staurosporin (1 µM) für 4 h inkubiert. Eine weitere Probe nicht transfizierter Zellen diente als negativ-Kontrolle. Aufgetragen wurden von links nach rechts: Marker (fermentas Generuler), hRIβ wt-Rluc, hRIβ wt-Rluc + hRACK1-GFP², Rluc-BH3 hRIβ, Rluc BH3 hRIβ + hRACK1-GFP², hRIβ Δ1-92-Rluc, hRIβ Δ1-92-Rluc + hRACK1-GFP², nicht transfizierte Zellen (n.t.= neg.contr.), nicht transfizierte Zellen + Staurosporin (n.t. = pos. contr.), Marker

7.5 Test stabiler Derivate des Coelenterazin 400a in der Zellkultur

Unter Verwendung unterschiedlicher Konzentrationen der Luziferase Substrate kann in Abbildung 51 am Beispiel von 2,5 µM DBC gezeigt werden, dass die Substrate in unterschiedlichen Zelllinien unterschiedlich umgesetzt werden. Am deutlichsten zeigt sich dieses im Falle des DBC-PM (hellgrün). In PC12 Zellen (Abbildung 51B) wird DBC-PM schneller umgesetzt und steht der Luziferase schneller als Substrat zur Verfügung als in A549 Zellen (Abbildung 51A). Die Emission der Luziferase unter Verwendung von DBC-PM ist in PC12 Zellen sofort nach Zugabe des Substrats bei etwa 5000 [Rlu] detektierbar. In A549 Zellen kann dieser Wert nicht erreicht werden. Alle anderen Substrate zeigen keine Unterschiede der endogenen Umsetzung in den verwendeten Zelllinien.

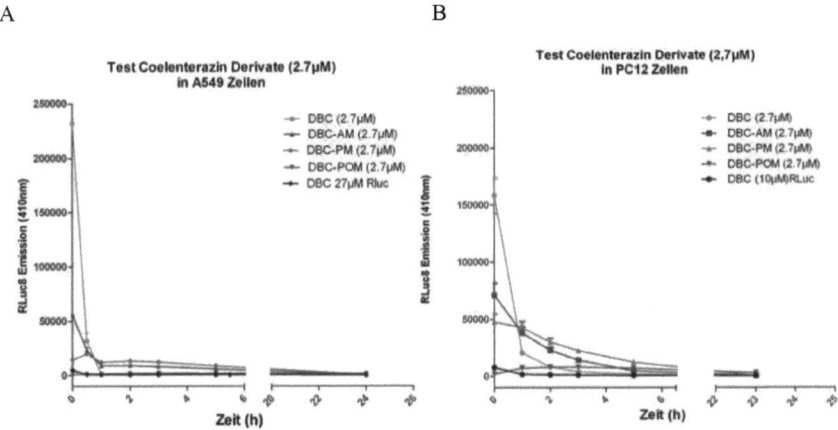

Abbildung 51 Test unterschiedlicher stabiler Coelenterazin 400a Derivate in zwei unterschiedlichen Zelllinien. Die Zellen wurden 24 Stunden nach Aussaat mit Rluc8 transfiziert und nach 48 Stunden Proteinexpression im Mikrotiterplattenlesegerät ausgelesen. Messdaten (Emission der Luziferase) wurden über eine Zeitspanne von 23 Stunden aufgenommen und ausgewertet. Die Zeitreihe in **A** zeigt den Test der Coelenterazin 400a Derivate DBC-AM (Magenta), DBC-PM (hellgrün), DBC-POM (dunkelgrün) im Vergleich zu DBC (orange) in A549 Zellen. Eine vergleichbare Zeitreihe wurde unter Verwendung von PC12 Zellen an Stelle von A549 Zellen in **B** dargestellt.

In Abbildung 52 ist die Lebenszeit in unterschiedlichen Konzentrationen der Coelenterazin 400a Derivate in A549 Zellen dargestellt. Hierbei lässt sich zeigen, dass die Konzentration der Coelenterazine zu Beginn der Zeitreihe nicht ausschlaggebend auf die Signalhöhe Einfluss nimmt. Für die Derivate DBC-AM und DBC-PM sind auch die niedrigen Konzentrationen nach zwei Stunden noch deutlich zu detektieren. Dieses gilt nicht für das DBC ohne Modifikation und DBC-POM. Beide weisen deutlich geringere Licht-Emissionswerte [Rlu] in den niedrigen Konzentrationen (2,7 µM) auf im Vergleich zu den Konzentrationen von 27 und 20 µM. Weiter ist im Verlauf der Zeitreihe deutlich zu erkennen, dass die Lichtemissionen des DBC bereits nach einer Stunde stark reduziert sind. Im Vergleich dazu zeigt sich bei

Anhang

Analyse des DBC-POM, dass das detektierte Signal erst nach einer Stunde ansteigt. Als einziges Derivat zeigt DBC-POM nach 23 Stunden noch ein detektierbares Emissionssignal für die Luziferase. DBC-PM zeigt sich als ein über drei Stunden stabiles Coelenterazin 400a Derivat. DBC-AM verliert nach einer Stunde bereits deutlich an Signalintensität.

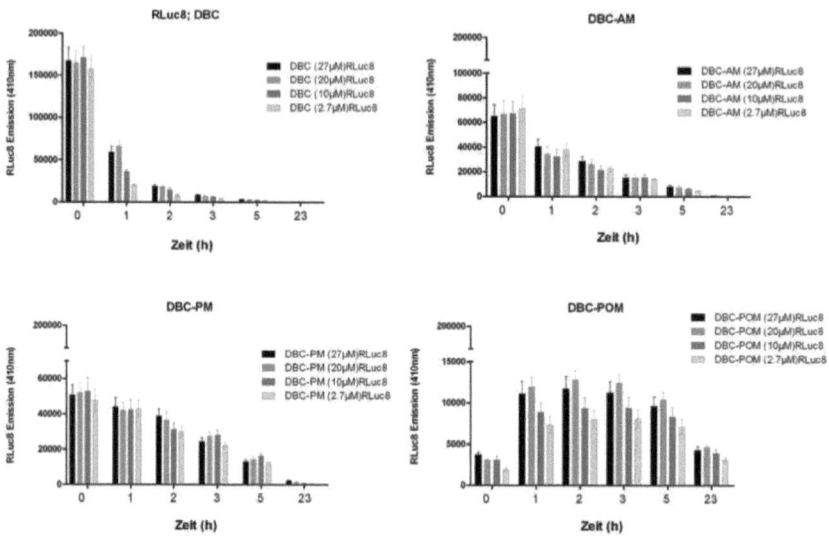

Abbildung 52 Test unterschiedlicher Konzentrationen der Coelenterazin 400a Derivate in A549 Zellen. Die Zellen wurden 48 Stunden nach transienter Transfektion mit Rluc8 mit den entsprechenden Coelenterazin 400a Derivaten (DBC, DBC-AM, DBC-PM sowie DBC-POM) versetzt und anschließend die Luziferase Emission [Rlu] detektiert. Die Messung erfolgte über einen Zeitraum von 23 Stunden, um die Stabilität der Substrate festzustellen. Es wurden 4 unterschiedliche Konzentrationen der Luziferasesubstrate eingesetzt (27 µM, 20 µM, 10 µM und 2,7 µM).

7.6 Primerliste

Klonierung L3516 (myo-3) (alle Tm = 71°C)

GFP²_forw. (BamHI)   5` GGA GGA TCC ATG GTG AGC AAG GGC GAG G 3`

Rluc8_r+STOP (AgeI) 5´ TCC ACC GGT GGT TTA CTG CTC GTT CTT C 3´

Rluc8_forw. (AgeI)   5` GGA ACC GGT ATG GCT TCC AAG GTG TAC GAC  3`

Rluc8_r-STOP (KpnI)   5´ TCC GGT ACC GGT TAA CTG CTC GTT CTT C 3`

Klonierung kin2 in pET30 (ohne Stop, weil aus Rluc-N Vektor)

kin2_forw._NdeI 5´ GGA CAT ATG ATG TCG GGT GGA AAC GAA G 3` (61°C)

kin2_rev._HindIII 5´ ATA AAG CTT GGT CAT CAG TTT GAC GTA TGA G 3´   (59°C)

Klonierung kin-1 in pET30

kinC_NdeI_f   5` CAT ATG ATG CTC AAG TTT CTG AAA CCA 3` (55°C)

KinC_BamHI_r   5´ATA GGA TCC CTA AAA CTC GAC GAA CAG CTC TTC 3´(56°C)
(Mandy)

Klonierung endogener kin2 Promotor

kin2 promotor 2 F(HindIII) 5´ a a g c t t g c g a c g a c g t t t t t c a t t c 3`   59,3°C

kin2 promotor2R(BamHI)5´ g g a t c c t g c t g a a t g t t g t g t c g t t g 3`   59,3°C

Kin2 unter endogenem Promotor

Kin2 (BamHI) 1 F 5´ G G A T C C   A T G T C G G G T G G A A A C G A A 3` (59°C)

Kin2 rev. (AgeI) 1 R 5´ A C C G G T   T T A G G T C A T C A G T T T G A C G T A T G A G (62°C)

Klonierung endogener kin2 Promotor

kin2 promotor F(HindIII) 5´ GGA a a g c t t g c g a c g a c g t t t t t c a t t c 3`   60°C

kin2 promotor R(BamHI)5´ TCC g g a t c c t g c t g a a t g t t g t g t c g t 3`   60°C

Kin2 unter endogenem Promotor

Kin2 (BamHI) 1 F 5´ GGAGGATCCATGTCGGGTGGAAACGAA 3` (63°C)

Kin2 rev. (AgeI) 1 R 5´TCC ACC GGTTTAGGTCATCAGTTTGACGTAT (62°C)

Primer MCS IRES Sequenz aus pVITRO Klonierung in pBY2946 (Freiburg)

MCS FMDV IRES NotI for. 5´ GGA GCGGCCGC ATATCGGATCCA (62°C)

FMDV IRES HpaI rev. 5´ TCC GTTAAC GCGATTGTCAAACAGTCAGT (60°C)

Primer kin promotor/kin2

Kin prom. NheI forw.   5´ GGAGCTAGCg c g a c g a c g t t t t t c a t t c 3´ (63°C) 49°C

Kin2 rev. HindIII   (Mandy -> BRET² Klonierung ohne Stop!)

KR_HindIII_r   5´ ata aag ctt ggt cat cag ttt gac gta tga 3´   (58°C) 50°C

Primer Matrin3 (mouse)

Matr3_EcoRI forw. 5´GGA GAATTC ATGTCCAAGTCATTC CAG CAG 3´   (62°C)

Anhang

Matr3_BamHI rev. 5´TCC GGATCC GTAAGTTTCCTTCTTCTGCCTCCG 3´ (64 °C)

Primer Eat-3 (C. elegans)

Eat3 KpnI forw. 5´ GGA GGTACC ATGCGG ATCGCCACAA G 3´ (64 °C)

Eat3 BamHI rev. 5´ TCC GGATCC CCAGATTTTTTCACGTTGTAATTG 3´ (62°C)

Mutagenese hRACK1 R38D / K40E

hRacR36D/K38E forw. 5`TCC GCC TCT GAC GAT GAG ACC ATC ATC 3´ (61°C) (54 °C –Mismatches)

hRacR36D/K38E rev. 5` GAT GAT GGT CTC ATC GTC AGA GGC GGA 3´ (61°C)

Mutagenese RACK-1 (C.ele)

CeRaR38D/K40E forw. 5´TCA TCT TCC GAC GAC GAG ACT ATC CTT G 3´ (61°C)

R38D/K40E rev. 5´C AAG GAT AGT CTC GTC GTC GGA AGA TGA 3´ (61°C)

Rgs5 aus C. elegans

Rgs5 EcoRI forw. 5` GGA GAATTC ATG AGC AGT TTT CTC GGG C 3´ (61°C)

Rgs5 BamHI –Stop rev. 5` TCC GGATCC **gta** gcc gta tcg aaa agt gg 3´ (64 °C)

Rgs5 BamHI +Stop rev. 5` TCC GGATCC **tta** gcc gta tcg aaa agt gg 3´ (63°C)

RACK-1 aus C. elegans

CE RACK-1 PstI forw. 5´ GGA CTGCAG ATG GTC CAA GAG CAA ATG 3´ (61°C)

RACK-1 KpnI – Stop rev. 5´ TCC GGTACC **GTA** GTT GGA AGC ACG 3´ (61°C)

RACK-1 KpnI + Stop rev. 5´ TCC GGTACC **TTA** GTT GGA AGC ACG 3´ (59°C)

Blades (B1-7) ceRACK1

B1-2 PstI forw. (-> CE RACK-1 PstI forw.)

B 1-2 KpnI rev. 5´ TCC GGTACC GTT GAG GTC CCA GAG 3`

B 3-5 PstI forw. 5´ GGA CTGCAG ATG CAG GGA GTG AGC AC 3´

B 3-5 KpnI rev. 5´ TCC GGTACC GAG GTC CCA AAG CAT AG 3´

B 6-7 PstI forw. 5´ GGA CTGCAG ATG AAC GAG GGC AAG CAC 3´

B 6-7 KpnI rev. (-> CE RACK-1 KpnI rev.) –Stop.

RIβ NdeI forw.

5`- TAT CAT ATG GCC TCC CCG CCC GCC TGC

Blades 1-7 hRACK1

B 1-2 PstI forw. (-> Mandy)

B 1-2 KpnI rev. 5´ TCC GGTACC ATC CCA GAG GCG CAG G 3´

B 3-5 PstI forw. 5´ GGA CTGCAG ATGCTCACAACGGGCACCAC 3´

B 3-5 KpnI rev. 5´ TCC GGTACC ATC CCA TAA CAT GGC CTG 3´

B 6-7 PstI forw. 5´ GGA CTGCAG ATG CTCAACGAAGGCAAAC 3´

B 6-7 KpnI rev. (-> Mandy)

Δ Mutanten hRIß + kin2

Δ1-92hRIß XhoI for. 5´ GAA CTCGAG ATG GCCCGCCGCCGG 3´ (67°C)

Δ1-77kin2 BglII for. 5´ GGA AGATCT ATGAGATCAGGTGGACGCAG 3` (63°C)

hRIß L366E (Mut. BH3 Domäne)

hRIß L366E for. 5´ CTGCTCTGAGATC**GAG**AAGAGGAACATTC 3´ (62°C)

hRIß L366E rev. 5´ GAATGTTCCTCTT**CTC**GATCTCAGAGCGCAG 3´

hRIß R372Q for. 5´ GAGGAACATTCAG**CAG**TACAACAGCTTCATC 3` (62°C)

hRIß R372Q rev. 5´ GATGAAGCTGTTGTA**CTG**CTGAATGTTCCTC 3`

kin2 L351E (Mut. BH3-Domäne)

kin2 L351E for. 5´ CAGTTCGTGAGATC**GAG**AAGAGAGACGAAAC 3´ (63°C)

kin2 L351E rev. 5´ GTTTCGTCTCTCTT**CTC**GATCTCACGAACTG 3´

rgs5 M440I

rgs5 M440I forw. 5` GACAATTATTCGAGAT**ATC**CAAGAAATGGTTGCC 3´ (60°C)

rgs5 M440I rev. 5´ GGCAACCATTTCTTG**GAT**ATCTCGAATAATTGTC 3´

rgs5 M440V forw. 5` GACAATTATTCGAGAT**GTG**CAAGAAATGGTTGCC 3´ (62°C)

rgs5 M440V rev. 5´ GGCAACCATTTCTTG**CAC**ATCTCGAATAATTGTC 3´

D-AKAP2 I646V forw. 5´ GATAGTCAGTGAC**GTT**ATGCAGCAGGCTC 3´ (63°C)

D-AKAP2 I646V rev. 5´ GAGCCTGCTGCAT**AAC**GTCACTGACTATC 3´

D-AKAP2 I646M forw. 5´ GATAGTCAGTGAC**ATG**ATGCAGCAGGCTC 3´ (63°C)

D-AKAP2 I646M rev. 5´ GAGCCTGCTGCAT**CAT**GTCACTGACTATC 3´

D-AKAP2 XhoI forw. 5´ GAA CTCGAG ATGAGGGGAGCCGG 3´ (62°C)

D-AKAP2 KpnI rev. 5´ TCC GGTACC TGATAACTTTGTAGATTTC 3´ (57°C)

Danksagung

Zum Abschluss meiner Dissertation möchte ich mich ganz herzlich bei Herrn Professor F.W. Herberg bedanken, für die Möglichkeit in der Abteilung Biochemie meine Doktorarbeit zu schreiben und für die konstruktive Unterstützung meiner Arbeit.

Vielen Dank an Frau Professor M. Schäfer für die Zweitprüfung dieser Doktorarbeit.

Ein ganz besonderer Dank gilt Frau Dr. habil. Anke Prinz, für die Ermöglichung sowie Unterstützung bei der Bearbeitung dieser spannenden und anspruchsvollen Thematik meiner Arbeit und der hervorragenden Betreuung. Ohne dich wäre diese Arbeit nicht zustande gekommen. Für die immer wieder aufbauenden Gespräche und Tipps zur Versuchsplanung während der Arbeit und die Zeit die du in mich investiert hast. Und zum Abschluss: DANKE für die Prüfung meiner Arbeit.

Danke an Frau Professor M. Stengl für die Prüfung meiner Doktorarbeit und für die Möglichkeit der Benutzung des konfokalen Fluoreszenz-Mikroskops.

Bei Dr. Mandy Diskar möchte ich mich ganz besonders bedanken für die motivierenden Worte, wenn mal wieder ein Versuch nicht erfolgreich verlaufen wollte. Mit dir hat die Zusammenarbeit immer viel Freude gemacht. Danke auch für das Zuhören und Kommentieren meiner, zeitweise sehr kreativen, neuen Ansätzen zur Durchführung neuer Experimente. UND: Danke für das Korrekturlesen meiner Arbeit, trotz immer gefüllter Zeitpläne.

Bei Dr. Michael Zenn möchte ich mich für die wirklich sehr erfolgreiche und nette Anleitung bei den durchgeführten SPR-Experimenten sowie deren professionelle Auswertung bedanken.

Bei Irmtraud Hammerl-Witzel und Carmen Demme möchte ich mich für die große Unterstützung bei den Arbeiten im Labor bedanken, sowie bei Susanne Minhöfer für die Hilfe bei Fragen und Problemen im bürokratischen Alltag.

Ein großes Dankeschön an die Mitdoktoranden der Abteilung, Melanie Kaufholz, Katrin Muda, Jennifer Hermann, Stefan Möller und Matthias Knape, mit denen mir das Arbeiten im Labor immer großen Spaß gemacht hat.

Vielen Dank an alle Aktuellen sowie auch mittlerweile Ausgeschiedene Mitarbeiter der Abteilung Biochemie, die ein angenehmes Arbeitsklima in der Arbeitsgruppe geschaffen haben, sowie an alle meine Großpraktikanten für die nette Zusammenarbeit im und um den Laboralltag.

Ein großes Dankeschön an Frau Dr. Monika Jedrusik-Bode für die wirklich außerordentliche Unterstützung meiner Arbeit durch die Transformation der eBRET^2 Nematoden sowie zahlreiche Materialien und Tipps rund um den Nematoden.

Danke an die Universität Kassel für die finanzielle Unterstützung meiner Arbeit durch ein Promotionsstipendium.

Ein riesengroßes Dankeschön geht an meinen Mann und meine Familie ohne deren Unterstützung und Rückhalt ich diese Arbeit nicht erfolgreich hätte abschließen können.

i want morebooks!

Buy your books fast and straightforward online - at one of world's fastest growing online book stores! Environmentally sound due to Print-on-Demand technologies.

Buy your books online at
www.get-morebooks.com

Kaufen Sie Ihre Bücher schnell und unkompliziert online – auf einer der am schnellsten wachsenden Buchhandelsplattformen weltweit! Dank Print-On-Demand umwelt- und ressourcenschonend produziert.

Bücher schneller online kaufen
www.morebooks.de

VDM Verlagsservicegesellschaft mbH
Heinrich-Böcking-Str. 6-8
D - 66121 Saarbrücken

Telefon: +49 681 3720 174
Telefax: +49 681 3720 1749

info@vdm-vsg.de
www.vdm-vsg.de

Printed by Books on Demand GmbH, Norderstedt / Germany